TEXTILE
DESIGN
COMPETITION

| 设计源于生活　创造面向未来 |

"红绿蓝杯"

中国高校纺织品设计大赛

优秀作品集（第10~12届）

中国高校纺织品设计大赛组委会 ◎ 编著

中国纺织出版社有限公司

内 容 提 要

"红绿蓝杯"中国高校纺织品设计大赛，以专业学科竞赛的方式，搭建了一个良好的"产、学、研"合作"产教融合"互动平台。本作品集汇集了该学科竞赛第10~12届的部分优秀作品，也对大赛的章程要求和作品评审过程进行了系统介绍，以便更多的院校和师生能够比较清晰、全面地了解本大赛、参与本大赛，并参考相关文件要求，设计出更多新颖的纺织作品。本大赛坚持邀请获得特等奖和一等奖的师生代表赴产业密集地参加颁奖典礼，让全国各地纺织高校的优秀学生和指导老师能够有机会直接接触到赞助企业及其所在地产业实际，了解产业发展对人才的需求和当地纺织品设计开发趋势，从而增强纺织文化自信和专业志趣，在返校后能够感染、宣传、动员更多学生有机会参与其中发挥个人才能；同时，大赛通过颁奖典礼将全部作品向社会公开展出，让当地众多纺织企业能够直观地了解参赛院校作品风格及其教学实力，真正实现"通过大赛，为企业发掘更多的纺织品设计新秀提供平台，为企业的新产品研发提供切实可行的产品开发方案与新潮研发方向"的初衷。本作品集可以作为高校纺织品设计教学参考书，也可作为纺织企业新产品设计开发人员的参考资料。

图书在版编目（CIP）数据

"红绿蓝杯"中国高校纺织品设计大赛优秀作品集.
第10~12届 / 中国高校纺织品设计大赛组委会编著. --
北京：中国纺织出版社有限公司，2024.4
ISBN 978-7-5229-1481-7

Ⅰ. ①红… Ⅱ. ①中… Ⅲ. ①纺织品—设计—作品集
—中国—现代 Ⅳ. ①TS105.1

中国国家版本馆 CIP 数据核字（2024）第 050390 号

责任编辑：孔会云 朱利锋 责任校对：高 涵
责任印制：王艳丽

中国纺织出版社有限公司出版发行
地址：北京市朝阳区百子湾东里A407号楼 邮政编码：100124
销售电话：010—67004422 传真：010—87155801
http://www.c-textilep.com
中国纺织出版社天猫旗舰店
官方微博http://weibo.com/2119887771
北京华联印刷有限公司印刷 各地新华书店经销
2024年4月第1版第1次印刷
开本：889×1194 1/16 印张：13.25
字数：198千字 定价：168.00元

编委会名单

寄语"红绿蓝杯"大赛

设计源于生活

创造面向未来

姚 绲

2018. 9. 28

序（I）

设计，是产品的灵魂。现代工业经济和信息化时代，任何工业产品缺少了设计要素就没有竞争优势和生命力可言，因为设计是赋予产品优美外观、品牌文化和内在品质的前提和重要途径之一，也是工业产品"创造"与"制造"智力属性的本质区别之所在。

工业设计，是综合运用现代科技手段和美学、材料科学、人体工效学原理，将工业产品的审美特性、文化内涵与实用功效有机统一起来的一门新兴学科。历史的经验告诉世人：在一个发展中国家，当工业经济通过粗放式激活并发展积累到一定程度时，就会深陷低成本、低附加值、高资源消耗和高污染的规模盲目膨胀与市场恶性竞争困境，必然引起生产产品过剩、品牌和销售渠道缺失、发展后劲荡然无存；为求生存，企业不得不廉价销售、亏本经营，产品变得粗制滥造、偷工减料，甚至"假、冒、伪、劣"充斥市场，丧失基本的企业信誉与生命力。所以，为了谋求长久生存和可持续发展，一个有生命力的工业经济国家和生产经营企业，必须适时调整发展模式与经营策略，通过不断转型升级，走"科技创新、自主设计、主动开发、引导市场消费"的低碳性循环经济、集约式环保健康发展之路。唯如是，才能跻身于世界工业和经济强国之列！所以，当今世界，以创意设计为特征的工业设计，业已成为一个国家工业化和经济信息化的重要标志。由此而催生培育的工业设计或创意设计产业，也就自然成为强国富民的重要战略性新兴经济产业。

始于2008年美国"次贷危机"的全球经济危机还在持续，中国纺织工业面临前所未有的严峻挑战和考验，国家和地方政府先后出台了一系列推动纺织传统优势产业和民生产业转型升级的发展纲要、战略规划和政策措施；众多纺织企业更是把科技创新、新产品创意设计和品牌建设作为转型升级与可持续发展的重要途径与必然选择，表现出目前和未来相当一个时期内对原创性自主知识产权新技术、新产品的渴求和对纺织创意设计类应用型技术人才的旺盛需求。

"越隆杯"中国高校纺织品设计大赛，正是基于这些现实，在段亚峰教授、王荣根高级工程师、魏淼琳董事长的倡议发起和倪阳生会长、丁辛教授、周树森副县长的支持下，通过"政、产、学、研"合作形式，由中国纺织服装教育学会和教育部普通高等学校纺织服装教学指导委员会主办、绍兴县人民政府和绍兴文理学院共同承办的全国性行业内的盛大赛事，是在浙江越隆控股集团有限公司主赞助下构筑的我国纺织创意设计类应用型人才培养的高水平教学成果展示与交流平台。经过历时三届的探索和实践，"越隆杯"大赛在征集到众多优秀设计作品的同时，也充分展示出了相关高校在通过教育教学改革应对经济发展模式转变、满足社会和产业紧缺人才需求方面所具备的软硬件条件和所付出的艰辛努力。

诚然，大赛作品毕竟出自在校生之手，难免存在概念性和前瞻性过强、产业化生产条件不一定具备、与市场流行趋势尚存一定距离等缺憾，或许还表现出设计思想的稚嫩和设计元素与表现手法的欠完美。但可以肯定的是，所有这些都是可以理解的，也正是设计者们在毕业后的长期设计实践中需要也会逐渐得到完善的。就像人们坚信"没有古人嫦娥奔月的梦想，就不会有今日卫星上天、载人宇宙飞船遨游太空的现实"一样，"越隆杯"大赛的发起者和组织者们也正是用自己脑海深处的梦想，在发现、催生和培育着一批又一批未来卓越的纺织品设计师！当然，一件作品获奖，并不代表设计者的设计理念和思路就永远领先。大赛的目的之一，就是提示和激励更多参赛者：学习做一位灵感活跃的纺织创意设计师，这也是一位纺织专业本科生"从我做起"迈向"卓越工程师"的第一步。与大赛所有组织者们一样，我本人也衷心祝愿每位获奖者和参与大赛的选手们一如既往、继续努力，勇敢地去攀登纺织品设计更高峰；也期盼着有更多更好的纺织品设计新人、设计作品如钱江潮涌，一届更比一届强……

《"越隆杯"中国高校纺织品设计大赛优秀作品集（第1~3届）》定稿付梓出版之际，编辑组拿来样稿请我作序，不敢怠慢，遂斟字酌句，写下数语，愿"越隆杯"中国高校纺织品设计大赛越办越好！

国家教育部普通高等学校

纺织服装教学指导委员会主任委员

中国工程院院士

2012年中秋于绍兴鉴湖柯岩

序（Ⅱ）

在为中国高校纺织品设计大赛优秀作品集（第1~3届）作序时，我曾经写道："现代工业经济和信息化时代，任何工业产品缺少了设计要素就没有竞争优势和生命力可言，因为设计是赋予产品优美外观、品牌文化和内在品质的前提和重要途径之一，也是工业产品'创造'与'制造'智力属性的本质区别之所在。"现在看来，设计，不仅是产品的灵魂，也是一个企业、一个产业，乃至一个国家的核心竞争力中最鲜活的要素之一。因为，如果没有了设计，或者设计的原创性特征缺失，一味仿样设计、来样加工，只追求规模效应，不注重产品质量和品牌价值发掘，必然导致为了哄抢订单而相互压价、同室操戈、恶性竞争的被动局面，无论是一个产品、一个品牌，还是一个行业、一个民族，都会陷入对舶来思想和文化的盲目依赖，丧失创新精神和竞争力，迟早将被市场和社会所淘汰。

我们所处的时代，是一个极不平凡的伟大时代。党的十八大把全民创新创业作为一项强国富民的重大战略提到历史日程，为中华民族描绘了伟大复兴的"中国梦"宏伟蓝图；在今年的全国两会上，总理政府工作报告中又提到《中国制造2025》规划纲要，将要付诸实施，并已于5月19日公布。所有这些，都标志着一个"以设计为核心、以创新为标志"的"创新驱动，质量为先，绿色发展，结构优化"新时代已经到来，一个现代化工业强国正在崛起！作为国家重要民生产业和经济支柱产业之一的纺织工业，面临着前所未有的转型升级压力和国际竞争力提升的艰巨任务；时尚科技创意产业培育、"节能、减排、节水、降耗"和"两化融合"等重大战略，已经全面展开和深度实施。有理由相信，中国的"工业4.0"和"互联网+"等先进生产经营模式，将率先在纺织服装产业领域实现。这就有赖于一批又一批精英设计师和应用型工程创新实践人才的培养、成长和成熟，也都对纺织服装高等教育提出了新目标、新质量和新要求。

近三年来的中国高校纺织品设计大赛成果，让我欣慰地看到，我国纺织服装高等教育"卓越工程师"培育计划和教育教学质量工程在纺织领域的实施效果和质量水平。通过现场参与作品评审发现，尽管同学们的参赛作品稚气犹存，但也的确有很多参赛作品还是能够令人眼前一亮，记忆犹新！我为各院校踊跃组织参赛的积极性和参赛作品数量质量的逐届提升而感到由衷高兴。在得知新一册大赛优秀作品集即将付梓之际，感谢历届大赛中各纺织服装院校的热情参与，热烈祝贺大批作品获奖，并衷心希望全国纺织服装院校在精英设计师和工程创新实践人才培育方面继续不懈努力。

中国工程院院士
2015年仲夏于古城绍兴龙山之荫

序（III）

PREFACE

　　记得早在2012年和2015年，在为中国高校纺织品设计大赛第1~3届和第4~6届两本作品集作序时，我曾经先后写道：现代工业经济和信息化时代，任何工业产品缺少了设计要素就没有竞争优势和生命力可言。我们所处的时代，是一个极不平凡的伟大时代，就纺织产业而言，一个"以设计为核心、以创新为标志"的新时代已经到来，一个新的现代化工业大国正在崛起！

　　展望党的十九大为我们描绘的新时代中国特色社会主义伟大事业和中华民族伟大复兴"中国梦"宏伟蓝图，结合近一段时间以来美国政府为遏制《中国制造2025》规划纲要而针对中国发起"贸易战"的现实国际环境，我们越发感到，作为国家传统支柱产业、重要民生产业和创造国际化新优势的产业，纺织工业正面临着前所未有的转型升级、改造提升与科技创新的巨大压力和任务，必须要在科技和时尚融合、生活消费与产业用并举、美化人民生活与增强文化自信、建设生态文明与带动相关产业发展、拉动内需增长与促进社会和谐等诸多方面发挥更为重要的作用。纺织高等教育承担着为我国纺织产业发展培养和输送高级工程技术专门人才、提供智能制造与创意设计等重要智慧支持的重任，历史使命不容懈怠。

　　经过长期艰辛的不懈努力，在中国高校纺织品设计大赛即将迎来第十届作品评审和颁奖表彰盛典之际，组委会秘书处拿来大赛第7~9届优秀作品集初稿，让我再次为之作序。却之有愧，遂提笔致歉，虽然因为工作和身体健康等原因，我本人暂时不能亲自参与作品评审和颁奖活动、分享老师和同学们再次辛苦创作获得成就的喜悦，但我从新集初稿中非常欣慰地看到，我国纺织高等教育"新工科"建设计划的实施正在呈现喜人效果和更高质量水平。我对2009年第一届大赛和以后的多次大赛作品评审、展示与颁奖活动场面记忆犹新！我为各院校在持之以恒地组织参赛和教学研讨等方面表现出的热忱与执着而倍感欣慰。衷心祝愿和期待着我们纺织高校自己的特色学科竞赛再谱华章……

中国工程院院士

2018年中秋于古城长安兴庆湖畔

序（Ⅳ）

　　绍兴柯桥，是历史悠久的纺织之乡，更是全国最具代表性的纺织产业集群重地。尤其是柯桥，从"一根丝"到"一块布"，再到"一件衣""一套窗帘"等，被称为"托在一块布上"的新兴城市。柯桥，拥有亚洲最大的纺织品专业市场——中国轻纺城，其市场经营主体超15万家。柯桥的纺织印染类企业2万多家，印染产能约占全国1/3。值此习近平同志主政浙江时部署的"八八战略"实施20周年之际，经过大赛秘书处和中国纺织出版社编辑部门的不懈努力，以绍兴柯桥为举办地的"红绿蓝杯"中国高校纺织品设计大赛优秀作品集（第10~12届）即将付梓出版，我感到非常欣慰。

　　我和我的团队，是在20世纪90年代初期承担中国人民解放军"97式"系列军服被装技术基础研发时，开始频繁深入绍兴的化纤纺织印染产业一线的。当时，在绍兴开展的主要是"军港纶"纤维新材料和"军港呢"系列军服面料新产品。2010年以后，我们力主绍兴实施纺织产业结构调整，加大人棉和差别化功能涤纶等新材料应用与数码印花时尚高端面料原创设计开发，并在团队核心成员之一的段亚峰教授全程参与和绍兴当地资深高级工程师王荣根先生的大力支持下，曾在柯桥创建了绍兴市第一个"院士专家工作站"，持续为绍兴纺织印染产业发展提供决策咨询和技术支持，先后协助相关企业通过"产、学、研"密切合作，实现多项关键技术产业化并获得浙江省科学技术奖。与此同时，在时任教育部高等学校纺织服装教学指导委员会主任的丁辛教授长期指导帮助下，段亚峰教授和王荣根高级工程师策划发起的中国高校纺织品设计大赛得以持续在柯桥举办并不断改进完善。这也是我为之欣慰的一件大事。

　　纺织品原创设计是产业进一步发展的重要一环，纺织品创新设计的基础是原材料的技术进步。展望高分子材料科学与工程前沿，可以应用于现代纺织印染产业的纤维新材料众多，除作为"可穿戴"信息传感器和战略新材料的技术纤维以外，生物质资源和循环经济再生纤维材料，是时尚纺织产业应用的主要开发方向。这一方向中，尤以生物可降解、常温可染、中低温定型类纤维材料的潜在低碳价值更为重要。目前，可以采用中低温染色和中温定型工艺的纤维新材料，包括聚乳酸纤维（PLA）、聚丁二酸丁二酯纤维（PBS）、低熔点和阳离子改性再生涤纶等。这些纤维新材料的共同特点，就是低熔点、不耐高温，因此，必须采用中低温染色和中温定型工艺进行生产加工。需要注意的是，任何新材料、新工艺，刚刚出现时都不可避免地存在"希望与顾虑共生"：一方面是工艺技术需要反复试验研究和实践探索，初期开发需要一定的成本投入；另一方面是一旦工艺技术成熟，其节能降耗减碳效果非常明显。因此，我希望作为我国纺织品设计新生代力量的所有参赛学生都应注意这些新动向，把握好时代脉搏，用更加生态环保低碳的纤维新材料，设计开发出人们所需要的现实时尚纺织新产品，用你们的青春活力和创新灵感书写人生新篇章，也为我国纺织产业发展做出应有的贡献。

"十年磨一剑"，历经风风雨雨，"红绿蓝杯"中国高校纺织品设计大赛仍在不断改进完善中前行。在此，我要对大赛历届获奖的学生们再次表示祝贺，对为大赛默默无闻地努力工作着的所有工作人员表示感谢，也祈愿我们的中国高校纺织品设计大赛办得越来越好。

中国工程院院士 姚穆

2023 年 8 月 8 日于西安

前言

PREFACE

中国高校纺织品设计大赛，由中国纺织服装教育学会和教育部高等学校纺织类专业教学指导委员会联合主办，绍兴文理学院和绍兴市柯桥区政府联合承办。自2009年至今，已经连续成功举办12届，品牌影响力较大。第10~12届大赛，继续由浙江红绿蓝纺织印染有限公司冠名赞助。

大赛以"提升中国纺织品设计与新产品开发水平、发掘和推荐优秀纺织品设计开发人才、促进中国纺织高等教育与纺织生产贸易企业的产学研密切合作"为宗旨，秉持"呈现数字技术新材料，弘扬主流健康文化，倡导科技时尚低碳生活"的主题理念和"公平、公正、公开"的竞赛原则，发掘和推荐中国纺织行业的优秀新生代创意设计力量，倡导先进的应用型高级专业人才培养模式。

大赛的连续举办，得到了东华大学纺织学院、天津工业大学纺织科学与工程学院、西安工程大学纺织科学与工程学院、苏州大学纺织与服装工程学院、浙江理工大学材料与纺织学院、江南大学纺织服装学院、青岛大学纺织服装学院、武汉纺织大学纺织科学与工程学院以及四川大学、新疆大学、中原工学院、嘉兴学院、德州学院、河南工程大学、安徽工程大学、内蒙古工业大学、五邑大学、北京联合大学、齐齐哈尔大学、太原理工大学、广西科技大学、湖北美术学院、河北科技大学、辽东学院等单位相关学院的协办支持与积极响应，各校齐心协力积极组织参赛，动员学生广泛参与。其中，中国纺织科学研究院江南分院还参与了第10届大赛"希赛尔纤维纱线织物设计组"的特别专题设计冠名。

第12届大赛作品评审和颁奖期间，适逢全党全国人民为迎接建党百年庆祝活动努力准备成果之际，"红船精神"也激励着大赛组委会"不忘初心，牢记使命"，以"创新是引领发展的第一动力"的理念，为"加快建设创新型国家"贡献时尚纺织力量。

为方便大赛优秀作品能够得到更广泛、更深入的交流，在各高校和企业的要求下，第1~3届、第4~6届和第7~9届大赛优秀作品集已分别于2012年、2015年和2018年出版；经报请主办单位批准，大赛组委会决定继续出版第10~12届大赛优秀作品集。但是，由于种种原因，第10~12届大赛部分优秀作品迟迟未能整理成册，导致个别作品散落遗失，未能录入，深表遗憾和痛心。经多方协调努力，今付梓刊印，以资交流参考。由于时间仓促，如存在不足之处，恳请广大读者批评指正。

编者

2023年6月

目录

CONTENTS

TEXTILE DESIGN COMPETITION

大赛作品评审与优秀作品集编辑说明
（第 10~12 届）

　　"红绿蓝杯"中国高校纺织品设计大赛，是在中国纺织服装教育学会和教育部高等学校纺织服装专业教学指导委员会的领导下，通过高校、地方和产业界密切的"产、学、研、用"合作，开展纺织创意设计应用型人才培养成果交流的尝试实践。大赛旨在打造中国纺织品设计开发教学与学术交流平台，展示中国纺织高等教育本科教学成果和课程设计、毕业设计等相关实践环节教学水平，提升中国纺织品设计与新产品开发水平，发掘和推荐优秀纺织品设计开发人才，促进中国纺织高等教育与纺织生产贸易企业的"产、学、研"密切合作。近三届大赛以来，不仅大赛简章在不断修订完善，而且大赛主题、作品分组、设计内容及装裱形式等也得到逐步充实和合理改进。为使读者对大赛尤其是第 10~12 届大赛作品特点、作品评审及作品集汇编过程有更清晰的了解，特对本册作品编辑工作进行如下说明。

一、作品征集与评审

1. 作品征集

　　为了规范赛事管理和扩大竞赛宣传力度，大赛组委会设立了专业网站，编制了网上报名与作品提交管理软件系统，实施网上报名和提交作品电子版，由系统按照网上提交次序自动编排作品序号，大幅提高了分组编号的准确性和工作效率。

2. 作品评审

　　大赛作品评审秉着公正、公平、客观的原则进行，分作品形式审查和专家评审两个阶段。

第一阶段——作品形式审查

　　为保障在作品评审及展出过程中，全部作品的装裱格式规范，大赛组委会秘书处依据大赛简章中作品装裱格式要求对所有作品进行形式审查。对不符合装裱要求的作品，秘书处会与参赛者联系。如未如期完成修改并再次提交，则取消该作品的参赛资格。此外，秘书处还会依据参赛作品的说明进行分组和编号的进一步对照核实，确保规范、准确无误。

第二阶段——作品专家评审

　　参赛作品分成"针织服用织物设计组""机织服用织物设计组""家纺装饰用织物设计

组""大提花及数码印花织物花型设计组"和"纤维艺术与材料再造设计组"5个组别，其中第10届获得了中国纺织科学研究院的赞助支持，应其要求——采用指定国产溶剂法生态环保再生纤维素纤维（即莱赛尔纤维）纱线为主要原材料进行织物结构风格设计开发，增设了"希赛尔"纤维纱线织物专题设计组。每组评设特等奖1项（经评审委员会合议，若组中没有创新性特别突出的作品，则特等奖轮空）、一等奖10项（该组特等奖轮空时，为11项）、参评作品数量10%和20%的二等奖和三等奖。作品专家评审过程主要经过以下四个环节：

（1）作品初选。根据大赛网络报名作品征集系统生成的组别和作品编号，把作品分为五个组，按不同组别分区布展。大赛作品评审专家委会成员也按专业不同分成相应的5个组。由各组评审专家对通过形式审查的相应组别全部作品进行三轮筛选。第一轮初步筛选出各组具备三等奖水平的作品；在此基础上进行第二轮筛选，选出二等奖及以上作品，第二轮筛选落选作品为三等奖作品；第三轮各组在具备二等奖水平的作品中反复比较，筛选出作品质量排序前15位的作品，作为参与一等奖和特等奖竞评的入围候选作品。

（2）一等奖作品评选。根据大赛简章和评审办法规定要求，在各组筛选出作品质量排序前15位的推荐入围作品后，由评委会全体成员各自按优劣排序格式，对各组推荐的入围作品分别进行排序打分投票；依据排序打分表的数据统计结果，由秘书处在监票人和公证人的监督公证下排出各组作品的投票得分名次；取各组得分第1名作为特等奖推荐作品，第2~11名为一等奖推荐作品，提交评审专家委员会全体会议复议。

（3）特等奖作品推荐与点评比较。大赛评审专家委员会全体委员召开复议会，由各组组长代表本组向评审专家委员会介绍所推荐特等奖和部分一等奖作品的对比分析说明，给出推荐特等奖的理由。然后，由专家委员会全体专家对所推荐作品进行水平和创新性复议表决，裁判其是否具备特等奖获奖条件，直到没有异议为止，最终确定其是否成为特等奖。

（4）单项奖筛选推荐。按照大赛简章规定、作品创新特点、得分情况和专家会商意见，经大赛评审专家委员会授权，由秘书处对进入打分阶段却没有进入一等奖推荐名单的作品，反复甄别比较，评比出最具个性特点的作品，成为具体单项奖获奖推荐作品。

最后，由全体评委审核并签字确认后，结果提交中国纺织服装教育学会，确认后在颁奖大会上予以公布。

二、奖项作品数量与作品特点分析

1.奖项作品数量

第10~12届大赛，选手参赛热情高涨，影响力不断扩大，每年有40余所纺织院校参加，收到的参赛作品均超过1000份，并呈逐年增加的趋势。

第10届大赛，共收到42所院校的参赛作品1370件，经大赛秘书处对作品进行形式审查发现，有48件作品未满足大赛章程规定要求而被取消参评资格，进入正式会议评审的有效作品数量为1322件。其中，针织服用织物设计组75件，占参评作品总数的5.67%；机织服用织物设计组 155 件，占参评作品总数的 11.72%；家纺装饰用织物设计组 220 件，占参评作品总数的 16.64%；大提花及数码印花织物花型设计组 593 件，占参评作品总数的 44.86%；纤维艺术与材料再造设计组 179 件，占参评作品总数的 13.54%；"希赛尔"纤维纱线织物专题设计组 100 件，占参评作品总数的 7.56%。经 29 名评审专家严格的作品初选、入围作品投票评选、特等奖复议评审和单项奖筛选推荐等四个阶段之后，从全部 1322 件参赛作品中共评选出 4 项特等奖、62 项一等奖、129 项二等奖和 185 项三等奖，以及相当于一等奖水平的 6 项特别单项奖。

第 11 届大赛，共收到了来自 47 所院校的参赛作品 1919 件，其中 185 件作品因未满足大赛章程规定要求而被取消参评资格，进入正式会议评审的有效作品数量为 1734 件。其中，针织服用织物设计组 131 件，占参评作品总数的 7.55%；机织服用织物设计组 247 件，占参评作品总数的 14.24%；家纺装饰用织物设计组 275 件，占参评作品总数的 15.86%；大提花及数码印花织物花型设计组 775 件，占参评作品总数的 44.69%；纤维艺术与材料再造设计组 306 件，占参评作品总数的 17.67%。评审专家委员会从全部 1734 件参赛作品中共评选出 3 项特等奖、52 项一等奖、176 项二等奖和 339 项三等奖，并评出了 5 项特别单项奖。

第 12 届大赛，共收到来自 48 所高校的 1461 件作品，经审查小组形式审查，对其中多件问题较小的作品进行调整后，仍有 158 件作品不符合要求，取消参评资格，最终参与评选的作品为 1303 件。其中，针织服用织物设计组 99 件，占参评作品总数的 7.60%；机织服用织物设计组 249 件，占参评作品总数的 19.11%；家纺装饰用织物设计组 207 件，占参评作品总数的 15.89%；大提花及数码印花织物花型设计组 411 件，占参评作品总数的 31.54%；纤维艺术与材料再造设计组 337 件，占参评作品总数的 25.86%。评审专家委员会从全部 1303 件参赛作品中共评选出 1 项特等奖、54 项一等奖、132 项二等奖和 264 项三等奖（本届取消单项奖）。

2. 作品特点分析

从参赛作品数量及质量来看，由于各高校参赛积极性较高，参赛作品数量显著增加，从第 10 届的 1370 件上升至第 11 届的 1919 件；因新冠肺炎疫情影响，第 12 届参赛作品数量有所减少。参赛作品数量的增加的同时作品质量也有所提高。纵观该三届参赛作品，在难度、美观度及与市场结合度等方面，都达到新高，主要体现在以下三个方面：

（1）组织结构多样、风格迥异。本届大赛的实物作品中简单组织、复杂组织、多层、大提花等多种组织结构的应用，以及泡泡、横条、凹凸、起绒、起皱、透孔、流苏等不同风格的呈现，充分体现了各高校在纺织品设计教学中的成果。

（2）原材料多样化。本届大赛作品的原材料除棉、毛、丝、麻等常规天然纤维，以及涤纶、锦纶、腈纶、氨纶、黏胶等常规化学纤维之外，还采用了原液着色涤纶长丝、牦牛绒、莱赛尔、希赛尔等绿色纤维材料，充分体现了大赛所倡导的"绿色、生态、环保、健康"理念。同时，在材质组合上，很多作品进行了大胆的尝试，采用不同原材料纱线的混纤、并捻、空气变形等复合加工，以及交织、混织等方法将二组分、三组分甚至三种以上组分的纤维纱线材料在同一作品中予以呈现，既改善了纱线的小样织机可织性与小样织物的外观质量，又达到了改变织物风格和服用性能、赋予织物特殊功能等效果，充分表现出高校实验设备条件改善和在校生较强的创新实践操作能力培养效果。

（3）织物花型和纤维艺术的文化内涵丰富。与往届大赛相比，这三届参赛作品色彩丰富、搭配合理，除较好的观赏性外，还具有较强的实用性，部分优秀作品甚至达到了可以直接进入市场的水平。这充分体现了应用型人才培养的教育教学效果。参赛作品还体现出学生创作过程一丝不苟的认真态度，尤其是"纤维艺术与材料再造设计组"的作品，题材丰富，表现艺术手法综合多变，达到一定的专业水平，反映出相关院校在教学过程注重学生创新能力培育的不懈努力，这也符合目前教育部正在提倡的"新工科"教育的核心——"工匠"精神。

当然，第10~12届大赛也存在一些不足之处。主要表现在以下几个方面：

（1）有相当一批参赛作品，由于没有认真仔细消化大赛章程要求，报错了参赛组别而被淘汰。在这里要提请指导教师和参赛学生注意，尽管每届大赛都在强调，每届还是有很多作品没有明确设计目标，作品报错了组别，直接影响了作品的评比。以第10届为例，有10多件作品，属花型设计类作品，只是花型比较适合用于装饰织物，没有报在织物花型设计组而是报在家纺装饰用织物设计组，缺乏实物小样作品支撑；也有通过花型设计试织出了小样织物却报在了织物花型设计组。又如，有几件实物作品，结构和风格设计都很不错，效果模拟图也明确是服用的，但报名却报在家纺装饰用织物设计组，非常可惜。反映出部分教师的指导工作缺乏系统性，在指导过程中没有关注学生网上报名环节，甚至最终作品提交前也未认真审阅。

（2）在织物花型设计组，虽然参赛作品越来越多，但是由于大多采用计算机图形处理软件系统进行设计，缺乏原创性，出现了有些作品元素采集与应用过于草率，未进行相关相似度应用软件测评就盲目提交，存在与相关品牌产品网上资料明显雷同的问题。有个别作品甚至采用"拿来主义"，照搬照抄网络图案，明显能够看出存在侵权现象。评审过程中，首先对该类作品予以淘汰。希望相关院校高度重视此类现象并及时纠正，以免引起不必要的知识产权纠纷。

（3）作品装裱格式不够规范，没有严格按照大赛章程规定的格式进行装裱，给作品展出带来很多麻烦。考虑到有些院校是首次参赛，缺乏经验，秘书处还是对部分作品进行必要整理后勉强通过形式审查。这类问题比较普遍，每届都有，希望指导教师能够指导参赛选手严格按照章程规范装裱作品，提高参赛作品质量。评委会建议，必要时，大赛可在织物花型设计组设置条件，限额报名参赛。

总之，"红绿蓝杯"第10~12届中国高校纺织品设计大赛，实施过程是非常严谨和比较顺利的，作品质量和水平又有所提高。连续12届大赛的成功举办，是社会各界支持的结果，更凝聚了各相关院校广大教师和参赛学生的辛勤劳动与创新激情！在这12年中，大赛经历了一次次的改进、完善和发展，感谢各位参赛者、指导教师、工作人员、颁奖嘉宾的参与和支持，也感谢相关媒体长期的关注。大赛已经形成了良好的互动交流平台和独特的学科专业特色，能够联合和汇聚来自不同领域的高校、企业、纺织品设计者，不断为我们国家纺织高等教育的应用型人才培养、教育教学改革和教学质量提升工程等输入新的理念，有效促进不同领域对纺织高等教育教学发展的关注和支持。愿本册作品集能够一如既往，指导后续更多学生参赛，和本赛事一起共同成长！

表1~表6为第10~12届中国高校纺织品设计大赛参赛作品分布表和获奖情况统计表。

表1　第10届中国高校纺织品设计大赛参赛作品分布表

序号	参赛单位	针织服用织物设计组	机织服用织物设计组	家纺装饰用织物设计组	大提花及数码印花织物花型设计组	纤维艺术与材料再造设计组	"希赛尔"纤维纱线织物专题设计组
1	安徽工程大学	4	4	9	2	0	5
2	安徽农业大学	0	0	0	20	0	0
3	常熟理工学院	0	2	1	7	0	0
4	常州大学	0	0	0	4	8	0
5	成都纺织高等专科学校	0	0	0	0	0	1
6	大连工业大学	0	0	0	0	0	4
7	德州学院	6	6	4	316	92	6
8	东华大学	1	1	4	27	0	0
9	广西科技大学	0	17	23	0	0	4
10	河北科技大学	1	1	3	27	1	3
11	河北科技大学新校区	0	4	8	13	3	1
12	河南工程学院	1	1	7	0	0	3
13	湖南工程学院	2	0	3	9	1	2
14	嘉兴学院	1	9	6	1	7	3
15	嘉兴学院南湖学院	0	2	0	0	0	0
16	江南大学	5	4	14	0	0	3
17	江西服装学院	0	0	0	1	0	0
18	辽东学院	0	1	3	0	0	4
19	南通大学	3	1	0	1	5	0
20	南通大学杏林学院	0	0	0	12	4	0

续表

序号	参赛单位	针织服用织物设计组	机织服用织物设计组	家纺装饰用织物设计组	大提花及数码印花织物花型设计组	纤维艺术与材料再造设计组	"希赛尔"纤维纱线织物专题设计组
21	内蒙古工业大学	0	0	0	0	0	0
22	齐齐哈尔大学	0	6	1	0	0	2
23	青岛大学	0	0	0	3	3	0
24	山东理工大学	0	2	4	0	0	2
25	山东轻工职业学院	0	0	0	0	0	5
26	绍兴文理学院	6	14	19	39	7	6
27	四川大学	0	0	0	4	0	0
28	苏州大学	0	12	9	21	8	5
29	苏州大学应用技术学院	15	0	1	3	0	5
30	太原理工大学	1	7	10	5	9	3
31	天津工业大学	12	12	10	10	17	3
32	五邑大学	4	2	3	3	7	3
33	武汉纺织大学	0	10	2	0	0	2
34	西安工程大学	3	1	33	53	0	2
35	西南大学	0	0	0	0	0	0
36	香港理工大学	0	0	0	0	0	1
37	新疆大学	0	1	0	6	2	3
38	烟台南山学院	0	1	2	0	1	3
39	盐城工学院	0	22	16	0	2	5
40	浙江纺织服装职业技术学院	0	1	0	0	0	3
41	浙江理工大学	1	6	10	2	1	5
42	中原工学院	6	5	15	4	1	4
	合计	75	155	220	593	179	100

表2　第10届中国高校纺织品设计大赛获奖情况统计表

参赛单位	奖项	针织服用织物设计组	机织服用织物设计组	家纺装饰用织物设计组	大提花及数码印花织物花型设计组	纤维艺术与材料再造设计组	"希赛尔"纤维纱线织物专题设计组
安徽工程大学	一等奖	2					
	二等奖			1			
	三等奖		1	5			1
安徽农业大学	二等奖				2		
	三等奖				3		
常熟理工学院	三等奖				2		
常州大学	二等奖					3	
	三等奖					1	
德州学院	特等奖					1	
	一等奖				4	4	1
	二等奖				32	6	
	三等奖	1			49	13	1
东华大学	一等奖				1		
	二等奖				2		
	三等奖				3		
广西科技大学	二等奖			2			
	三等奖		2	4			
河北科技大学	二等奖				3		
	三等奖	1			2		
河北科技大学新校区	一等奖				1		
	二等奖			1	1		
	三等奖			2	1		
河南工程学院	二等奖		1				
	三等奖			1			1
湖南工程学院	一等奖				1		
	二等奖				1		
嘉兴学院	一等奖		1				
	二等奖		1	1			2
	三等奖		3	1	1	3	

续表

参赛单位	奖项	针织服用织物设计组	机织服用织物设计组	家纺装饰用织物设计组	大提花及数码印花织物花型设计组	纤维艺术与材料再造设计组	"希赛尔"纤维纱线织物专题设计组
江南大学	一等奖		1	1			
	二等奖	2	1	2			1
	三等奖			2			
辽东学院	二等奖			1			
	三等奖			1			1
南通大学	一等奖					1	
	二等奖					1	
	三等奖					3	
南通大学杏林学院	二等奖				1	1	
	三等奖				1		
青岛大学	二等奖				1	3	
	三等奖				1		
山东理工大学	二等奖			3			
	三等奖			1			
山东轻工职业学院	一等奖						1
绍兴文理学院	特等奖		1	1			
	一等奖	2	1	4		1	2
	二等奖	2	1	3	3	1	2
	三等奖	1	3	1	6	1	1
四川大学	一等奖				1		
苏州大学	一等奖			1	2	1	
	二等奖		2	1	5		
	三等奖		5	1	4	2	2
苏州大学应用技术学院	特等奖	1					
	一等奖	2					2
	二等奖	1					1
	三等奖	5		1			1

续表

参赛单位	奖项	针织服用织物设计组	机织服用织物设计组	家纺装饰用织物设计组	大提花及数码印花织物花型设计组	纤维艺术与材料再造设计组	"希赛尔"纤维纱线织物专题设计组
太原理工大学	一等奖					1	
	二等奖					2	
	三等奖			1	1	1	
天津工业大学	一等奖	1		1		1	1
	二等奖	1	2	1		1	1
	三等奖	3	2		1	2	
五邑大学	一等奖	2	1	1			
	二等奖				1		1
	三等奖	1		1	2		
武汉纺织大学	一等奖		1				1
	二等奖		2	1			
	三等奖		2				
西安工程大学	二等奖				2		
	三等奖				1		
香港理工大学	一等奖						1
新疆大学	一等奖		1		1		
	二等奖				1		
烟台南山学院	二等奖			1			
盐城工学院	一等奖		2				
	二等奖		3	2			1
	三等奖			4			
浙江纺织服装职业技术学院	一等奖						1
	三等奖						1
浙江理工大学	一等奖		2	1		1	1
	二等奖		2	2			1
	三等奖		2	3	1		1
中原工学院	一等奖	1		1			
	二等奖	2		1			
	三等奖		3	2	1		2

表3 第11届中国高校纺织品设计大赛参赛作品分布表

序号	参赛单位	针织服用织物设计组	机织服用织物设计组	家纺装饰用织物设计组	大提花及数码印花织物花型设计组	纤维艺术与材料再造设计组
1	安徽工程大学	0	0	10	4	0
2	安徽农业大学	0	2	0	3	0
3	安徽职业技术学院	0	3	2	1	2
4	常熟理工学院	0	0	0	1	0
5	常州大学	0	0	0	0	17
6	德州学院	12	8	4	347	124
7	东华大学	0	0	1	3	0
8	广东职业技术学院	0	0	0	5	0
9	广西财经学院	0	0	0	1	0
10	广西科技大学	0	20	41	0	0
11	河北科技大学	3	10	10	27	3
12	河北科技大学新校区	2	2	0	24	1
13	河南工程学院	11	1	9	0	2
14	湖北美术学院	1	1	0	23	1
15	湖南工程学院	2	8	0	21	0
16	嘉兴学院	3	8	5	9	14
17	嘉兴学院南湖学院	0	3	2	0	0
18	江南大学	2	6	5	4	1
19	江苏工程职业技术学院	6	0	0	0	0
20	江西服装学院	1	0	0	0	0
21	兰州理工大学	0	0	3	0	0
22	辽东学院	0	3	20	0	2
23	南京艺术学院	0	0	0	1	0
24	南通大学	1	0	0	5	4
25	南通大学杏林学院	1	0	0	3	10
26	内蒙古工业大学	2	2	3	0	0
27	齐齐哈尔大学	0	10	1	1	0
28	青岛大学	0	0	1	2	2
29	泉州师范学院	0	1	0	2	0
30	山东理工大学	0	0	4	0	0
31	绍兴文理学院	14	19	20	58	7

续表

序号	参赛单位	针织服用织物设计组	机织服用织物设计组	家纺装饰用织物设计组	大提花及数码印花织物花型设计组	纤维艺术与材料再造设计组
32	绍兴文理学院元培学院	0	0	0	8	3
33	四川大学	0	0	0	2	0
34	苏州大学	1	22	14	37	9
35	苏州大学应用技术学院	30	0	11	5	0
36	太原理工大学	3	9	18	7	8
37	天津工业大学	16	7	14	19	20
38	五邑大学	12	7	8	9	2
39	武汉纺织大学	0	18	4	0	1
40	武汉职业技术学院	0	0	0	0	5
41	西安工程大学	5	3	7	120	15
42	新疆大学	0	1	0	7	3
43	烟台南山学院	0	11	3	0	3
44	盐城工学院	2	34	19	0	23
45	浙江纺织服装职业技术学院	0	4	0	0	0
46	浙江理工大学	1	23	26	14	25
47	中原工学院	0	1	10	2	0
	合计	131	247	275	775	306

表4　第11届中国高校纺织品设计大赛获奖情况统计表

参赛单位	奖项	针织服用织物设计组	机织服用织物设计组	家纺装饰用织物设计组	大提花及数码印花织物花型设计组	纤维艺术与材料再造设计组
安徽工程大学	一等奖			1		
	二等奖			1		
	三等奖			2		
安徽职业技术学院	二等奖			1		
	三等奖	1	1	1		1
	最佳色彩奖1项					
常州大学	二等奖					5
	三等奖					5

续表

参赛单位	奖项	针织服用织物设计组	机织服用织物设计组	家纺装饰用织物设计组	大提花及数码印花织物花型设计组	纤维艺术与材料再造设计组
德州学院	一等奖		1		7	2
	二等奖		2	1	45	9
	三等奖	2	2	2	71	15
东华大学	二等奖			1		
广东职业技术学院	三等奖				1	
广西科技大学	一等奖			1		
	二等奖		1	5		
	三等奖		4	7		
河北科技大学	一等奖				1	
	二等奖			1	2	1
	三等奖	2	3	4	7	
河北科技大学新校区	二等奖	1			3	
	三等奖		1		4	
河南工程学院	一等奖	1				
	三等奖	3	1	3		
湖北美术学院	二等奖				1	
	三等奖				3	1
湖南工程学院	一等奖		1			
	二等奖		2		3	
	三等奖		2		4	
嘉兴学院	一等奖		1			
	二等奖					3
	三等奖		3			
嘉兴学院南湖学院	三等奖		1	1		
江南大学	二等奖	1	2		1	
	三等奖	1	1		1	1
江苏工程职业技术学院	一等奖	1				
	三等奖	1				
兰州理工大学	二等奖			1		

续表

参赛单位	奖项	针织服用织物设计组	机织服用织物设计组	家纺装饰用织物设计组	大提花及数码印花织物花型设计组	纤维艺术与材料再造设计组
辽东学院	二等奖			2		
	三等奖		2	2		
南京艺术学院	三等奖				1	
南通大学	三等奖				2	
南通大学杏林学院	二等奖					1
	三等奖					2
内蒙古工业大学	二等奖	1				
齐齐哈尔大学	三等奖		1			
青岛大学	二等奖			1		1
	三等奖				1	
山东理工大学	三等奖			1		
绍兴文理学院	特等奖			1		
	一等奖	5	2	3		
	二等奖	1	2	3	7	1
	三等奖	2	3	4	7	1
绍兴文理学院元培学院	三等奖				2	
苏州大学	一等奖	1				
	二等奖		3	1	8	1
	三等奖		4	4	4	3
苏州大学应用技术学院	一等奖	1				
	二等奖	4			1	
	三等奖	7		1	2	
太原理工大学	二等奖			2		
	三等奖	1	1	2	1	4
	最佳功能奖1项					
天津工业大学	一等奖		1	1		
	二等奖	3		3	1	
	三等奖	5	2	1	5	2

续表

参赛单位	奖项	针织服用织物设计组	机织服用织物设计组	家纺装饰用织物设计组	大提花及数码印花织物花型设计组	纤维艺术与材料再造设计组
五邑大学	一等奖	2		1		
	二等奖	2	1	1		1
	三等奖	2	1	1	1	
	最佳组织结构奖1项					
武汉纺织大学	一等奖					1
	三等奖		4	1		
武汉职业技术学院	一等奖					1
	最具商业价值奖1项					
西安工程大学	特等奖				1	1
	一等奖		1		1	4
	二等奖			1	6	2
	三等奖			3	23	6
新疆大学	一等奖				1	
	三等奖		1		1	3
烟台南山学院	一等奖		2			
	三等奖		2			2
盐城工学院	一等奖			1		
	二等奖		7	1		1
	三等奖	1	4	7		3
浙江纺织服装职业技术学院	二等奖		1			
	三等奖		3			
浙江理工大学	一等奖		2	1		2
	二等奖	1	3	2		5
	三等奖		2	6	3	13
	最佳质感风格奖1项					
中原工学院	一等奖			1		
	二等奖		1			
	三等奖			1		

表5　第12届中国高校纺织品设计大赛参赛作品分布表

序号	参赛单位	针织服用织物设计组	机织服用织物设计组	家纺装饰用织物设计组	大提花及数码印花织物花型设计组	纤维艺术与材料再造设计组
1	安徽工程大学	5	3	4		
2	安徽职业技术学院		6	2		
3	常熟理工学院				5	1
4	常州大学					38
5	成都纺织高等专科学校				11	
6	德州学院	1			16	5
7	东华大学	2	1		3	2
8	广西财经学院				16	
9	广西科技大学		15	29		
10	广州美术学院				1	
11	合肥师范学院				35	
12	河北科技大学		11	4	16	5
13	河北科技大学新校区		5		12	1
14	河南工程学院	11	2	13		
15	湖北美术学院				6	
16	湖南工程学院	5			15	1
17	嘉兴学院	1	19	8		6
18	嘉兴学院南湖学院	1	1	1		
19	嘉兴职业技术学院	2	1	2		
20	江南大学	1	2	1	8	
21	江苏工程职业技术学院	3		1		2
22	江西服装学院				30	
23	兰州理工大学			4		
24	辽东学院		2	9		1
25	南通大学				9	8
26	南通大学杏林学院					1
27	内蒙古工业大学	1			10	
28	青岛大学				3	1
29	山东理工大学	1	8	3		3
30	山东轻工职业学院		2	1	1	
31	绍兴文理学院	5	13	14	34	60

续表

序号	参赛单位	针织服用织物设计组	机织服用织物设计组	家纺装饰用织物设计组	大提花及数码印花织物花型设计组	纤维艺术与材料再造设计组
32	绍兴文理学院元培学院				21	8
33	四川大学				1	
34	苏州大学	14	32	28	18	2
35	苏州大学应用技术学院	28	1	7	17	
36	太原理工大学	4	4	18	2	18
37	天津工业大学		17	5	18	21
38	五邑大学	7	5	6	20	6
39	武汉纺织大学		10	4		1
40	西安工程大学		6	8	26	65
41	西南大学				2	
42	新疆大学		1		14	1
43	烟台南山学院		7	2		7
44	盐城工学院		36	17		20
45	浙江纺织服装职业技术学院		4	1	3	1
46	浙江工业大学之江学院	1		3	18	2
47	浙江理工大学	5	19	12	16	38
48	中国美术学院				1	
49	中原工学院	1	16	13	3	12
	合计	99	249	207	411	337

表6　第12届中国高校纺织品设计大赛获奖情况统计表

参赛单位	奖项	针织服用织物设计组	机织服用织物设计组	家纺装饰用织物设计组	大提花及数码印花织物花型设计组	纤维艺术与材料再造设计组
安徽工程大学	一等奖	1				
	三等奖	3				
安徽职业技术学院	一等奖		2	1		
	二等奖			1		
	三等奖		1	1		
常熟理工学院	三等奖				1	

续表

参赛单位	奖项	针织服用织物设计组	机织服用织物设计组	家纺装饰用织物设计组	大提花及数码印花织物花型设计组	纤维艺术与材料再造设计组
常州大学	二等奖					7
	三等奖					7
成都纺织高等专科学校	一等奖				1	
	二等奖				1	
德州学院	二等奖				1	1
	三等奖				3	2
东华大学	三等奖				2	
广西财经学院	一等奖				1	
广西科技大学	一等奖			1		
	二等奖		1	3		
	三等奖		4	4		
合肥师范学院	二等奖				2	
	三等奖				7	
河北科技大学	二等奖		1		1	
	三等奖		2		5	
河北科技大学新校区	一等奖				2	
	三等奖				4	
河南工程学院	二等奖	1		1		
	三等奖	2	1	3		
湖北美术学院	二等奖				1	
湖南工程学院	一等奖				1	1
	二等奖				4	
	三等奖		1		8	
嘉兴学院	二等奖		2			
	三等奖		2	1		1
嘉兴学院南湖学院	二等奖	1				
嘉兴职业技术学院	二等奖		1			
	三等奖		1	1		
江南大学	一等奖				1	1
	二等奖		1		1	
	三等奖				2	

续表

参赛单位	奖项	针织服用织物设计组	机织服用织物设计组	家纺装饰用织物设计组	大提花及数码印花织物花型设计组	纤维艺术与材料再造设计组
江苏工程职业技术学院	二等奖	1				
	三等奖	1				
江西服装学院	二等奖				4	
	三等奖				2	
兰州理工大学	一等奖			1		
	三等奖			1		
辽东学院	三等奖		1	1		
南通大学	一等奖				1	1
	二等奖				1	1
	三等奖				1	3
内蒙古工业大学	二等奖				1	
青岛大学	三等奖					1
山东理工大学	二等奖		2			
	三等奖		2			
山东轻工业职业学院	二等奖		1			
	三等奖			1		
绍兴文理学院	一等奖	1		3		
	二等奖	2		4	4	4
	三等奖	1	1	1	6	14
绍兴文理学院元培学院	二等奖				3	
	三等奖				5	1
四川大学	三等奖				1	
苏州大学	一等奖	2	5		1	
	二等奖	2	5	4	3	
	三等奖	2	6	8	5	2
苏州大学应用技术学院	一等奖	3				
	二等奖	3		2	2	
	三等奖	6		2	3	
太原理工大学	二等奖			1		4
	三等奖	2	1	2		5

续表

参赛单位	奖项	针织服用织物设计组	机织服用织物设计组	家纺装饰用织物设计组	大提花及数码印花织物花型设计组	纤维艺术与材料再造设计组
天津工业大学	一等奖		1	1		
	二等奖		1	2	1	
	三等奖		1		2	1
五邑大学	特等奖					1
	一等奖	1				
	二等奖			1		1
	三等奖	1	1	1	6	2
武汉纺织大学	二等奖		3	1		
	三等奖		2	2		
西安工程大学	一等奖				1	7
	二等奖		1		4	13
	三等奖		4	3	7	16
西南大学	三等奖				1	
新疆大学	二等奖				1	
	三等奖				3	
烟台南山学院	三等奖		4			
盐城工学院	一等奖		1	1		
	二等奖		2	1		1
	三等奖		6	6		3
浙江纺织服装职业技术学院	二等奖					1
	三等奖		2		1	
浙江工业大学之江学院	一等奖				2	
	二等奖				1	1
	三等奖				5	1
浙江理工大学	一等奖	3	1	2		1
	二等奖		3		3	1
	三等奖	1	6	2	3	7
中原工学院	一等奖		1			
	二等奖		2	1		
	三等奖	1	2	3		

"红绿蓝杯"中国高校纺织品
设计大赛
第 **10** 届优秀作品选

第 10 届中国高校纺织品设计大赛
针织服用织物设计组　特等奖

→ **作品名称　《虫洞之旅》**

设 计 者｜陈雨晴　李霈瑶
指导老师｜尹雪峰
选送单位｜苏州大学应用技术学院

获奖评语

　　该作品以虫洞为设计灵感，选用多组分原料，采用正反针、浮线、四平落布等变化手法，使组织结构具有层次感。丰富的色彩给人以视觉冲击感。作品从选材到结构设计有创新性理念，代表着高档时装面料和装饰织物的时尚与发展方向。

第10届中国高校纺织品设计大赛
机织服用织物设计组　**特等奖**

→　**作品名称**　《绿·影》

设 计 者｜王梦莹　吴雅静　徐莹莹
指导老师｜陆浩杰
选送单位｜绍兴文理学院

获奖评语

　　作品《绿·影》的十字绣作为基本图样构成，花型设计新颖，使作品花纹质感突出，风格独特；在组织结构上大胆运用剪花特种手法，使作品的花样富有创新；采用新型绿色环保纤维配以深蓝色与鹅黄色，使作品更加体现绿色环保理念；经纬不同原料的多层织造风格，织物表面的渐变色彩形成了该产品的独特性。该作品结构形式新颖，创新性强，具有较高的应用价值。

第10届中国高校纺织品设计大赛
家纺装饰用织物设计组　**特等奖**

→ **作品名称** 《含珠格》

设 计 者｜孙露萍　钱江莲　应锦程
指导老师｜段亚峰
选送单位｜绍兴文理学院

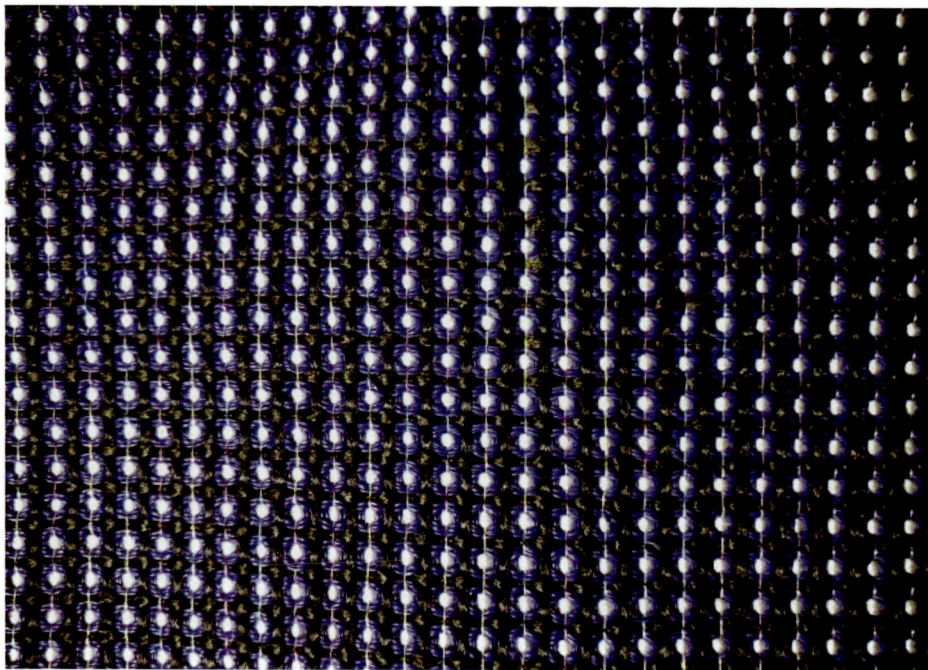

获奖评语

　　该作品选用空气变形丝、挤塑复合丝、条制金银丝等多种原料，配以变化组织的浮长。利用原料的粗细对比，形成显著的凹凸立体效果，并具有珍珠状粒纹感。作品设计构思独特，把变形丝、工业丝、裂膜丝等多种材料有机地组合在一起，产品厚实、平坦，可广泛应用于桌椅垫、室内装饰等场合。

第10届中国高校纺织品设计大赛
纤维艺术与材料再造设计组　特等奖

→ 作品名称 《远方》

设 计 者｜张艳　于梦雪　高丹萍

指导老师｜王蕾

选送单位｜德州学院

获奖评语

　　设计形式感优美，注重艺术构图，有非常好的设计美学表达。材料选择具有专业高度，特别是材料的色彩搭配更加表现了现代美与传统美的交叉融合。设计手法专业，有较明显专业难度，设计师的综合表现技能及视觉效果都非常优秀。

第10届中国高校纺织品设计大赛
针织服用织物设计组　一等奖

作品名称　《火树银花》

设 计 者｜梁超　祝思劼　黄缘缘
指导老师｜孙妍妍　储长流
选送单位｜安徽工程大学

获奖评语

该作品采用提花组织、挑花组织编织，透出孔洞，具有良好的透气性。采用弹力马海毛线编织，弹性好，手感柔软。产品创意来源于绚丽的烟火，展品呈现出清新淡雅的色彩，可广泛用于冬季女装、童装的毛衣、围巾等产品。该作品代表针织提花组织多变的特点，具有良好的发展前景及应用价值。

作品名称　《青岑与浪》

设 计 者｜钱明月　叶纯　刘雅婷
指导老师｜孙妍妍　储长流
选送单位｜安徽工程大学

获奖评语

该作品采用变化的集圈组织织造，具有优良的弹性和悬垂性。弹力马海毛以集圈组织编织，花型有悬空的朦胧感，整体简约又质地松软。织物创新性良好，组织结构大胆创新，原料结构与有序浮线形成几何斜纹，具有朦胧的立体蓬松效果。产品可用于秋冬开衫、裙装、围巾等产品，代表时尚及前卫的服饰方向。

第10届中国高校纺织品设计大赛
针织服用织物设计组　一等奖

→ 作品名称　《鹅卵石路》

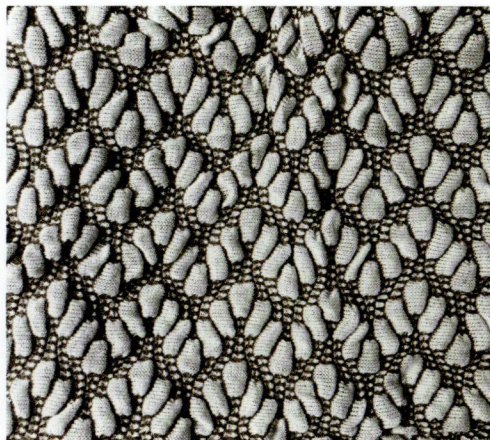

设 计 者｜吕世杰　汪旭甜　缪润伍
指导老师｜朱昊
选送单位｜绍兴文理学院

获奖评语

　　该作品在采用不均匀提花的基础上，利用莱赛尔与人造棉纱线的弹性，构成特殊的泡泡纹效应及特殊编织的镂空效应，结合形成凹凸效应。布样采用莱赛尔与人造棉，具有良好的体肤触感及优良的吸湿透气性，代表了服饰时尚又科技的发展态势。

→ 作品名称　《锦·瑞》

设 计 者｜汪旭甜　吕世杰　缪润伍
指导老师｜朱昊
选送单位｜绍兴文理学院

获奖评语

　　该作品采用莱赛尔+氨纶、大肚纱、雪尼尔纱等六种原料，单面提花/翻针为组织结构，通过一隔一的翻针动作使织物反面浮长线呈现在织物正面，加上莱赛尔+氨纶的弹性效应，使织物正面浮长线弯曲线产生鱼鳞般的波影效果，再用雪尼尔或羽毛模拟白色的浪花，营造浪花涌动、水流湍急的动景。作品富有创新性，可用于整件服装或局部的装饰，具有一定的市场前景。

第10届中国高校纺织品设计大赛
针织服用织物设计组　一等奖

→ **作品名称　《花非花》**

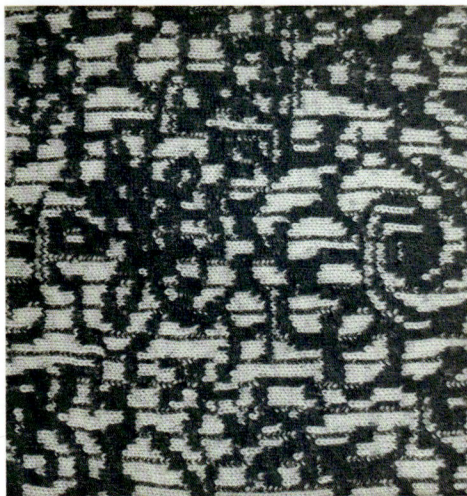

设 计 者 | 高莉　戴张颖
指导老师 | 尹雪峰
选送单位 | 苏州大学应用技术学院

获奖评语

　　该作品以腈纶、锦纶、羊毛和桑蚕丝组成，以天然花朵盛开姿态为灵感。采用电脑横机编织工艺进行针织服用面料设计。似花非花，似雾非雾。提花组织的运用让织物有了非常好的突出肌理。通过羊毛和桑蚕丝的混纺织入，使织物具有良好的光泽度和透气性。作品对纱线组合与色纱配列具有创新性，有着针织品机织化的效果。可为现代装饰产业应用提供新颖别致的面料。

→ **作品名称　《一墙隔开森林之外》**

设 计 者 | 王璐　陈璐
指导老师 | 尹雪峰
选送单位 | 苏州大学应用技术学院

获奖评语

　　该作品色彩运用经典色调搭配：经典绿色、驼色、棕色搭配，选用羊毛增加织物保暖性，黏胶纤维增加织物肌理与手感。织物结构新型，凹凸的肌理感强，以绿色与棕黄色的对比，强调生态环保的可持续发展之道。

第10届中国高校纺织品设计大赛
针织服用织物设计组 一等奖

→ 作品名称 《南田》

设 计 者｜刘鹏　陈超　徐密
指导老师｜匡丽赟　杨坤
选送单位｜天津工业大学

获奖评语

　　该作品采用莱赛尔与冰丝绒为原料，四色提花（芝麻点）为组织结构。以春暖花开的梯田油菜花盛开场景为创作灵感，呈现出富有节奏、有序利落的立体空间，打造出舒适、美观的针织物。作品具有一定的创新性和市场推广前景。

→ 作品名称 《舞苔》

设 计 者｜梁海朝　吴伟仪
指导老师｜张艳明
选送单位｜五邑大学

获奖评语

　　该作品运用花色纱、珊瑚绒纱线，结合提花肌理的设计，使面料产生毛绒的立体效果。织物结构厚实，质地细腻柔软，适合做秋冬系列服装。结构新型，采用罗纹组织和衬纬组织结合设计，符合大生产要求。颜色搭配独特，采用"春""秋"为主题的配色，亲近自然，给人一种时尚生活的感觉。

第10届中国高校纺织品设计大赛
针织服用织物设计组　一等奖

→ **作品名称　《斑斓》**

设 计 者｜李嘉雯　陈丽帆　容绮琳
指导老师｜文珊
选送单位｜五邑大学

获奖评语

　　该作品采用空气层小芝麻点双面提花，运用精梳棉纱、花式涤纶纱、金银丝、玻璃涤纶纱织造而成。创意来源于银杏叶子和蝴蝶，采用黄、蓝、黑的多彩配色，代表了装饰织物时尚与美观的发展趋势，具有皮草风格、高贵大气、结构细腻、吸湿耐磨、色彩鲜艳等特点，可适用于服装和家纺装饰领域。

→ **作品名称　《"衣"脉相承》**

设 计 者｜杨晓荣　李奥涵　张笑
指导老师｜葛朝阳
选送单位｜中原工学院

获奖评语

　　该作品设计理念有创新性，作品既吸收了少数民族服装的结构与色彩元素，又具有时尚感，可用于针织开衫、毛衣及衣服特殊部位的装饰，起到画龙点睛的作用。

第10届中国高校纺织品设计大赛
机织服用织物设计组　一等奖

→ 作品名称　《绿水青山》

设 计 者｜金晓岚　桑婧婧　曹竹燕
指导老师｜史晶晶
选送单位｜嘉兴学院

获奖评语

　　作品《绿水青山》以缎纱为基料、以绿水青山为设计指导思想，组织结构简洁大方、花型新颖、色调符合自然元素、绿水青山的整体风格。该作品设计理念先进、用料选择得当，具有较强的新颖性和时代感，社会应用价值高。

→ 作品名称　《独具一"格"》

设 计 者｜胡田田　李季晗
指导老师｜杨瑞华　查神爱
选送单位｜江南大学

获奖评语

　　作品《独具一"格"》以羊毛为原料，采用双层表里换层组织，并通过配色模纹的方式丰富了花型。该作品设计思想新颖，产品外观立体感、时尚感强，特别突出了"格子"机织物的独特风格，且配色高雅得当，用料与织物组织结构相得益彰，使该作品具有较好的实际生产应用价值。

第10届中国高校纺织品设计大赛
机织服用织物设计组　一等奖

→ **作品名称　《铠甲骑士》**

设 计 者｜吴颖欣　金丽华　胡云中泽
指导老师｜洪剑寒
选送单位｜绍兴文理学院

获奖评语

　　该作品花型设计规范整洁，方圆有致，经纬密度适中，组织结构设计合理，金属丝的应用增加了织物的装饰感，提升了作品的奢华感，体现了穿着者的精致优雅的气质及品位，适合高端商务场合女性的套装或上衣。

→ **作品名称　《千构》**

设 计 者｜黎纯昌　李婉茵　冯玉婷
指导老师｜李焰　余姮姮
选送单位｜五邑大学

获奖评语

　　该作品充分展示了设计者扎实的组织设计能力和较高的配色模纹及色彩搭配水平，蚕丝线的应用提升了作品的质感和档次，提高了作品的市场附加值，抽象的几何图案较好地体现了设计者的灵感意图，纬纱深浅不同的间隔织造表现出渐变的效果，使作品充满现代感和视觉冲击力，并且配色柔和优雅、缤纷而和谐，符合绿色环保的消费理念，市场应用前景广泛。

第10届中国高校纺织品设计大赛
机织服用织物设计组　一等奖

→ 作品名称　《昏旦变气候，山水含清晖》

设 计 者｜王云　吕佩　李晨
指导老师｜刘欣
选送单位｜武汉纺织大学

获奖评语

　　该作品利用满地花型经起花组织与平纹地组织结构，凸显出产品设计风格，巧妙地运用"绿水青山就是金山银山"的理念作为设计指导思想，使作品创意新颖，将自然元素与环保元素相结合，配合极具代表性的拂晓绿、昀半粉、黄昏棕、夜幕灰四种颜色，使该作品自然大方。在材料选择上利用了丝光棉、希赛尔、聚酯纤维，使该面料具有较好的服用性。该作品结构形式完整，创新性好，并具有一定的应用价值。

→ 作品名称　《漠上花开》

设 计 者｜段庆茹　李婧　卢雪
指导老师｜刘瑞
选送单位｜新疆大学

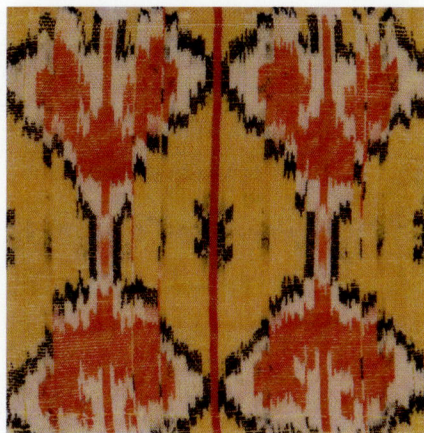

获奖评语

　　该作品色彩缤纷艳丽，配色热辣张扬，具有鲜明的民族风格和异域风情，组织设计简单，原料使用符合天然绿色的大赛主题，作品服用性尚可，经起绒组织产生的绒圈增加了作品的蓬松感和柔软的手感，适合服用及家居装饰用。作品特色鲜明，是一种设计感很强、市场潜力巨大的面料。

第10届中国高校纺织品设计大赛
机织服用织物设计组　一等奖

→ 作品名称 《独倚寒窗》

设 计 者｜沈弘扬　徐涛　张雨蒙

指导老师｜王春霞　周邦泽　刘国亮

选送单位｜盐城工学院

获奖评语

　　该作品采用涤纶纱与功能性凉感抗菌纱线，组织设计合理。色彩搭配清新优雅，构图比例得当，能较好地将中国传统艺术元素与组织工艺相结合，并充分体现了设计者的灵感意图。功能性纱线的运用不仅表现出作品层次感和干爽的手感，而且增加了作品的功能性，与作品的用途相得益彰，满足了人们对品质生活的追求，也紧扣"弘扬健康文化"的大赛主题。

→ 作品名称 《变幻菱形》

设 计 者｜王新　蔡辉　唐健

指导老师｜林洪芹　宋孝浜　陆振乾

选送单位｜盐城工学院

获奖评语

　　作品《变幻菱形》采用不同颜色的涤/棉纱，以变幻菱形纹理的设计手法，在组织结构上巧妙地运用色彩搭配，为作品赋予了和谐的色调及神秘的色彩，经纬异色交织使织物形成了变色效果。该作品组织结构设计合理，选材搭配得当，织物风格独特，具有较好的实用价值。

第10届中国高校纺织品设计大赛
机织服用织物设计组　一等奖

→ 作品名称　《菱·冲撞》

设 计 者｜陆钰芸　楼洁茹　方安琪
指导老师｜张红霞
选送单位｜浙江理工大学

获奖评语

　　该作品重在图案设计，巧妙地将千鸟格进行了变形，与菱形进行了合理组合。织造时将花部和地部进行了多重缎纹组合，丰富的色彩搭配较好地贴合了"冲撞正流行"的设计主题，作品工艺合理，经纬密度适中，可大批量生产，有光涤纶、人造高光纱线的应用为作品增加了光泽感和品质感，增加了装饰性，作品形成产品后具有保形和抗皱性，适合春秋服装用料。

→ 作品名称　《up》

设 计 者｜胡伊丽
指导老师｜张爱丹
选送单位｜浙江理工大学

获奖评语

　　该作品构图抽象，寓意深刻，体现积极向上的正能量，条形图案、变化组合充满视觉冲击力。纱线的组合交织与图案的配合，再结合多种组织的变化使作品主题感很强，且花部、地部表现出厚重与通透的对比效果，外观奢华，适合舞台表演或者装饰用途。

第10届中国高校纺织品设计大赛
家纺装饰用织物设计组　一等奖

→ **作品名称　《冰感凉席》**

设　计　者｜张怡　初曦　徐景徽

指导老师｜孙洁　俞科静　傅佳佳

选送单位｜江南大学

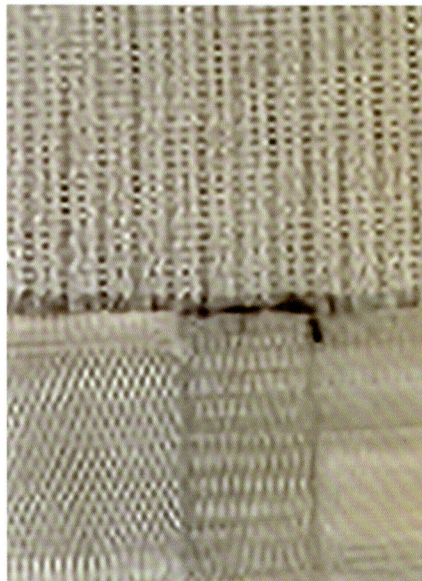

获奖评语

　　该作品采用高强高模聚乙烯长丝，蓝黑白渐变莱赛尔为原料，配以纵条组织，通过织造后整理形成手感滑爽细腻、光泽好、耐磨性好的效果。具有极强的美感，适用于夏季凉席产品。

→ **作品名称　《溢彩云鳞》**

设　计　者｜魏祺煜　吴佳伟　马晓涛

指导老师｜朱昊

选送单位｜绍兴文理学院

获奖评语

　　该作品以雪尼尔、涤纶及高收缩丝为原料，配以三色空气层提花组织，形成具有凹凸外观效果，厚重、致密、柔软的风格特征。适用于家用纺织品，如沙发布、遮盖布等，可对室内环境起到非常好的美化作用。

第10届中国高校纺织品设计大赛
家纺装饰用织物设计组　一等奖

→ **作品名称 《迷宫》**

设 计 者｜金乾博　黄有待　虞东辉
指导老师｜陆浩杰
选送单位｜绍兴文理学院

获奖评语

　　该作品选用希赛尔纱、网络丝等原料，配以基本组织和模纹。利用色纱排列，形成错综复杂的仿十字绣的效果，并有一定的立体感。可应用于室内装饰等场合。

→ **作品名称 《迷蝶》**

设 计 者｜钱江莲　孙露萍　周荣鑫
指导老师｜段亚峰
选送单位｜绍兴文理学院

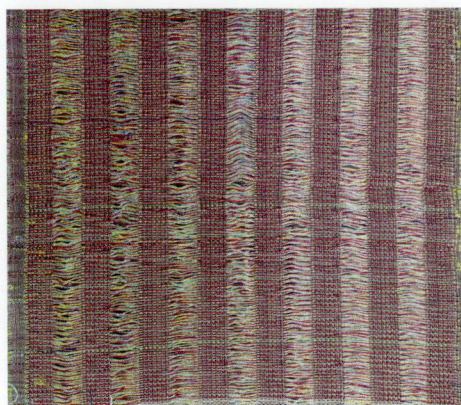

获奖评语

　　该作品采用原液着色涤纶丝、彩色希塞尔为原料，配以接结双层组织，形成绚丽烂漫、色彩变幻的幅条效果。适用于窗帘、墙布等家纺产品。

第10届中国高校纺织品设计大赛
家纺装饰用织物设计组　一等奖

→ **作品名称　《兜兜转》**

设 计 者｜金丽华　胡铖烨　吴颖欣

指导老师｜洪剑寒

选送单位｜绍兴文理学院

获奖评语

　　该作品以涤纶纱、氨纶纱为原料，配以重纬组织，通过色纱的排列组织，形成经典的风车图案，产生简洁、规律、连续的效果。产品花型饱满、手感舒适，适用于家用装饰等场合。

→ **作品名称　《城南旧事》**

设 计 者｜秦佳芳　王梦梦

指导老师｜眭建华　王国和　于法鹏

选送单位｜苏州大学

获奖评语

　　该作品选用希赛尔纱线、SPH弹力纱等原料，配以多个斜纹组织组合变化和多种色彩搭配及相间排列，形成较显著的条格、影光及主体效果。通过新型弹性聚酯纤维，赋予产品丰满的弹性效应，可应用于室内装饰等场合。

第10届中国高校纺织品设计大赛
家纺装饰用织物设计组　一等奖

→ 作品名称　《青虹》

设 计 者｜孟胜楠　杨晓芳　闫俊
指导老师｜王庆涛　张毅　荆妙蕾
选送单位｜天津工业大学

获奖评语

　　该作品采用涤棉混纺纱线原料，配以四经三纬组织，形成较强烈的民族色彩风格，以红、白、蓝、黑为主要色彩，适用于地毯等家用装饰场合，具有一定的设计创新性。

→ 作品名称　《繁华》

设 计 者｜黄艳雯　张佳玉　朱明丽
指导老师｜李焰
选送单位｜五邑大学

获奖评语

　　该作品以涤纶、冰丝、苎麻光丝为原料，配以双层组织，形成了经典的花穗图案及夜光效果，具有明朗的外用特征，可用于靠枕、坐垫、桌垫等，适用性强，用途广泛。

第10届中国高校纺织品设计大赛
家纺装饰用织物设计组　一等奖

→ **作品名称** *Maldives*

设 计 者｜黄观青　傅嘉逸
指导老师｜张奕
选送单位｜浙江理工大学
注　图片缺失

获奖评语

　　该作品选用涤纶线为原料，配以复合斜纹、破斜纹、缎纹等多种变化组织。利用多组色纱排列形成条格效果。可应用于家纺床品、靠垫等产品。

→ **作品名称** 《彩旗执灯》

设 计 者｜李笑雨　张胜楠　谢丹凤
指导老师｜李亮　刘让同
选送单位｜中原工学院

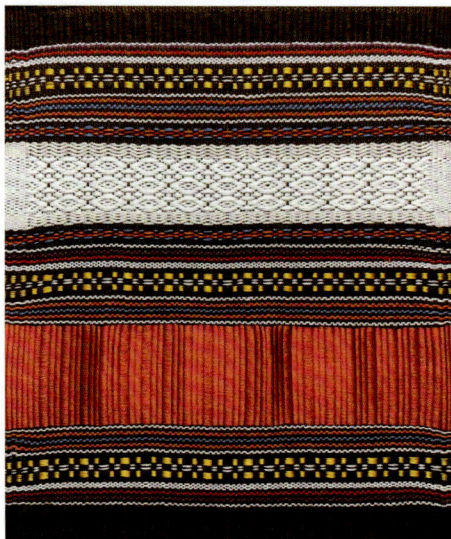

获奖评语

　　该作品以蚕丝、涤纶混纺纱线为原料，实现了天然纤维与合成纤维充分搭配，配以重平组织、方平组织，通过经纬交织显示出多元化的花型，新颖独特，适用于窗帘、沙发等家装产品。

第10届中国高校纺织品设计大赛
大提花及数码印花织物花型设计组　一等奖

→　作品名称　《春之海裳》

设 计 者丨高金戈　田超岭
指导老师丨石梅
选送单位丨德州学院

获奖评语

　　作品《春之海裳》以热带鱼为主要表现元素，以花卉和线条装饰作为辅助元素，设计造型比较严谨，花回对位符合生产要求，设计色彩对立中富有统一，整体作品较为符合流行趋势要求，具有较好的表现效果。

→　作品名称　《嬉皮士的颜料箱》

设 计 者丨陈家强　李天宇
指导老师丨边沛沛
选送单位丨德州学院

获奖评语

　　该作品以嬉皮士的颜料箱为设计主题。在设计造型上，规则的图案被油墨浸染，能够反映出嬉皮士的一种叛逆的性格。在色彩设计上，色彩对比强烈，用色大胆，有一定的视觉冲击力。在整体设计表现上，纹样的设计有一定的创新，能够表现主题的内涵。在服饰品上的设计运用效果较好，只是要注意整体搭配。

第10届中国高校纺织品设计大赛
大提花及数码印花织物花型设计组　一等奖

→ **作品名称　《戏谑》**

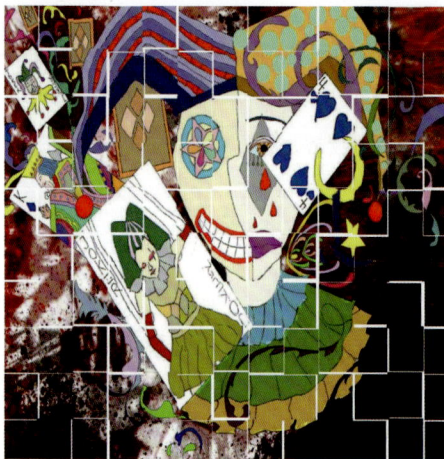

设 计 者｜杨玲　冉诗晗
指导老师｜王秀芝
选送单位｜德州学院

获奖评语

　　该作品主体独特，选材新颖，元素之间具有对立和统一的戏剧性。画面结构逻辑清晰，主题明确，整体色彩和谐饱满；商品应用上成熟大气，沉稳美观，具有较高的市场开发前景，也体现出作者较高的艺术修养和扎实的专业基本功。小丑元素看似轻松诙谐，细细品味却带着诡异忧郁，符合新一代消费者的审美品位。

→ **作品名称　《幻影》**

设 计 者｜宫子茗
指导老师｜宋科新
选送单位｜德州学院

获奖评语

　　设计者采用大自然风光，利用丰富的自然肌理结合抽象线条形成一幅抽象风光图，完美地将自然景观的特征体现出来，展现在人们视角之下，让人有置身大自然的感觉。色彩搭配比较明快清新，设计内容描述清晰，主次分明，适合家纺和服装产品，很有商业价值。

第10届中国高校纺织品设计大赛
大提花及数码印花织物花型设计组　一等奖

→ **作品名称　《境迁》**

设 计 者 | 罗钰馨
指导老师 | 温润
选送单位 | 东华大学

获奖评语

作品《境迁》以眼镜为主要表现元素，以波普纹样作为辅助元素，设计造型以波普风格进行表现，花回对位符合实际生产要求，设计色彩以明快的类似色对比，层次清晰。作品整体表现符合当季的趋势要求，作品表现生动明快，具有较强的时代气息。

→ **作品名称　《镜·离碎》**

设 计 者 | 陈幸芸
指导老师 | 李敏　才英杰
选送单位 | 河北科技大学新校区

获奖评语

该作品设计造型自然大方，并且能够表现主题的内涵。在色彩设计上采用冷暖交替和渐变的效果来表现时光的短暂，岁月的流逝，有一种梦幻感。整体表现自然、恬淡、浪漫大方，用于服饰品及室内纺织品设计的效果淡雅、清爽。作品设计有创新，色彩浪漫优雅，表现手法轻松自然。

第10届中国高校纺织品设计大赛
大提花及数码印花织物花型设计组 一等奖

→ **作品名称** 《趣》

设 计 者｜朱晓星
指导老师｜皮珊珊 夏添
选送单位｜湖南工程学院

获奖评语

作品灵感来源于生活中的互动，充满青春活力的设计元素，再搭配明媚的色彩和别具一格幽默趣味的造型，尽显俏皮和欢愉的气氛。适合家纺和丝巾等产品，具有一定的商业价值。

→ **作品名称** 《途》

设 计 者｜王雅
指导老师｜吴晶
选送单位｜四川大学

获奖评语

作品灵感来自斑马，黑白条纹搭配时尚色彩，使花型更具有灵气和时尚感。整体设计很有特色，适合现代女装和包包等产品。

第10届中国高校纺织品设计大赛
大提花及数码印花织物花型设计组　一等奖

→ **作品名称　《碧海棕榈》**

设 计 者｜曲海洋
指导老师｜眭建华
选送单位｜苏州大学

获奖评语

　　设计师采用棕榈树叶为主要设计元素，以蓝色水彩笔触的描绘晕色方式体现，结合线条圈点整体构成了一幅热带海岛景观。设计表现完美，主次分明。色彩应用到位，适合现代家纺产品、服装产品，很有商业价值。

→ **作品名称　《灵鹿幻影》**

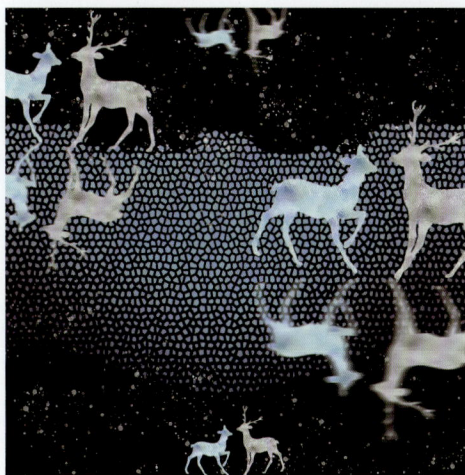

设 计 者｜陈芳　陈亚芬　赵怡茹
指导老师｜眭建华　王国和
选送单位｜苏州大学

获奖评语

　　该作品以水边倒映一对灵鹿欢聚为题材，告诉人们没有被破坏的大自然是那么的恬静与和谐，宣扬绿色生态、和平共处的人类美好愿景。作品构图独具一格，色彩配置平和，视觉装饰效果优雅，适用于女性春秋季休闲服饰，有很好的商业推广价值。

第10届中国高校纺织品设计大赛
大提花及数码印花织物花型设计组　一等奖

→ **作品名称　《山海遗梦·猼訑》**

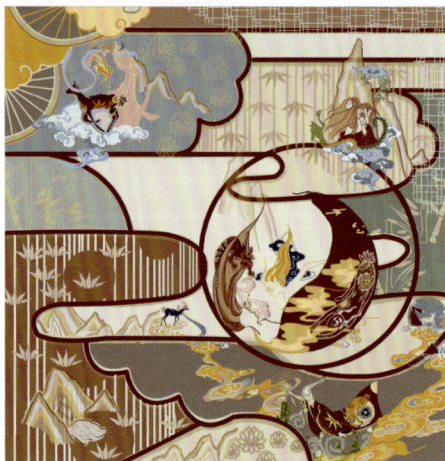

设 计 者｜封林杉
指导老师｜刘金莲
选送单位｜新疆大学

获奖评语

　　该作品选材自传统典籍之一《山海经》中的神兽"猼訑"。画面把神兽的故事情节和几何线条相结合，结构丰富，虚实有度。整体色彩柔和细腻，把中国传统文化和传统思想在画面中娓娓道来，充满了正能量。商业应用上，渠道丰富，手法成熟，体现了作者完整的思考过程和敬业的专业态度，具有较高的市场应用前景。

第10届中国高校纺织品设计大赛
纤维艺术与材料再造设计组　一等奖

→ **作品名称　《生命与地球》**

设 计 者｜杨光玉　刘佳祁　程宏宇
指导老师｜张梅
选送单位｜德州学院

获奖评语

　　该作品基于生态环保的设计理念，以天然植物染色、拼布、粘贴等技法，较新颖地表达了维护地球生态平衡的设计思想。该作品运用多种材料，例如棉纤维、涤纶、树枝等，充分体现了纤维材料组合的创意性与合理性。该作品造型与花型美观，装饰性强，具备较高的商业价值。

第10届中国高校纺织品设计大赛
纤维艺术与材料再造设计组　一等奖

→ **作品名称** 《缤纷世界》

设 计 者｜何智丹　蒋世然　陈敏
指导老师｜尹秀玲　宋海玲　赵萌
选送单位｜德州学院

获奖评语

以自然物种蘑菇为素材，以色纱、针织布、平纹布及丝带等为材料展现蘑菇世界不同的形态，以此表达出大自然的生命力量和植物世界里生机勃勃的景象。适用于家居装饰壁挂、抱枕、靠垫等。

→ **作品名称** 《飞鸟与鱼》

设 计 者｜李诗睿　张童
指导老师｜王秀芝
选送单位｜德州学院

获奖评语

该作品以蓝色为主基调，灵感来自大海，体现了一种包容的特点。又以该原始设计图形为原形展开了色彩变异的设计，包括红、绿、蓝等色系，很符合本次大赛"红绿蓝"主题。设计构图严谨、生动，具有很高的美学价值。该材料再造为服饰设计提供了很好的素材。

第10届中国高校纺织品设计大赛
纤维艺术与材料再造设计组　一等奖

→ **作品名称　《表情"喵"》**

设 计 者 | 刘雪萍　王雪珂　姜晓
指导老师 | 宋科新
选送单位 | 德州学院

获奖评语

　　该作品基于关爱动物的设计构想，运用拼布、刺绣等技法，较新颖地表达了猫的不同表情形象，该作品运用非织造布、绣线、纽扣等多种材料，较好地体现了不同材料的组合及设计的创意性和合理性。该作品造型立体感较强，造型较生动，色彩搭配协调，具备传统的设计风格和较高的商业价值。

→ **作品名称　《元素》**

设 计 者 | 陈杨
指导老师 | 周开颜
选送单位 | 南通大学

获奖评语

　　以小几何形及化学符号为元素进行了再组合设计，以牛仔面料为底的材料再造设计，几何图形色彩包括红、黄、绿等，展现了一种活力青春气息。用艳丽的色彩在灰度的牛仔布上进行二次、三次设计，体现了一种东西文化的交融。该设计作品为现代服饰提供了很好的设计素材及参考。

第10届中国高校纺织品设计大赛
纤维艺术与材料再造设计组　一等奖

→ **作品名称　《斑斓的守望》**

设 计 者 ｜ 张小雨
指导老师 ｜ 曾真
选送单位 ｜ 绍兴文理学院

获奖评语

　　该作品基于追求自然快乐的设计理念，以不同的刺绣针法和丰富的色彩表现，较新颖地传达了黑暗中追求自由的设计构想。该作品的造型较生动，色彩斑斓，装饰效果好，具备较高的商业价值。

→ **作品名称　《人·自然》**

设 计 者 ｜ 续晴　王思佳
指导老师 ｜ 郭启微　刘锋
选送单位 ｜ 太原理工大学

获奖评语

　　该作品基于人与自然和谐共生的设计理念，以拼布、堆叠、粘贴、刺绣等技法，较新颖地传达了天人合一的设计思想。该作品运用布料、毛线等多种材料，较完美地体现了不同材料的组合创意性。该作品造型主体感强，色彩搭配协调，装饰效果好，具备较高的商业价值。

第10届中国高校纺织品设计大赛
纤维艺术与材料再造设计组　一等奖

→ **作品名称** 《一棵树的独白》

设 计 者 | 曾庆怡　张悦
指导老师 | 眭建华　于法鹏
选送单位 | 苏州大学

获奖评语

　　该作品基于生态、资源再利用的思想，以废旧纱布、疵点纱为材料，采用手绘、搓绳、段染、立体粘贴等技法，营造冬天暮霭中一棵耸立的老树的景致，通过造型、配色表达一种不折不挠、永远向上、明明白白、乐观豁达的人生态度。该作品构图独具一格、技法别出心裁，视觉装饰效果强烈，值得商业推广。

→ **作品名称** 《欲》

设 计 者 | 安国莲　李晓溪
指导老师 | 张毅
选送单位 | 天津工业大学

获奖评语

　　作者从现代诗《关于欲望》中获得灵感，借助天王造像，将传统蜡染工艺、手绘工艺与刺绣工艺相结合，较好地反映出主题意境，利用大面积手工蜡染形成的自然蓝白色块为底，用红、绿、蓝丝线绣于其上，表现形式丰富，具有一定的创新性。

第10届中国高校纺织品设计大赛
纤维艺术与材料再造设计组　一等奖

→ **作品名称 《田野狂想曲》**

设 计 者｜亓艺　彭稀　肖元元
指导老师｜周赳
选送单位｜浙江理工大学

获奖评语

　　这是一组以山景梯田为素材的田园风景组画。作者采用聚氯乙烯（PVC）面料、粗提花大雁网、腈纶毛线等多种材料，运用编结、缝缀、堆积等手法，立体多层次地展现梯田的结构形态，用绿、红、蓝三色系列展现出不同季节的多彩田园景观。

第10届中国高校纺织品设计大赛
"希赛尔"纤维纱线织物专题设计组 一等奖

→ **作品名称 《月夜蜓舞》**

设 计 者｜任恩泽 许晓志 卢岩
指导老师｜王秀燕
选送单位｜德州学院

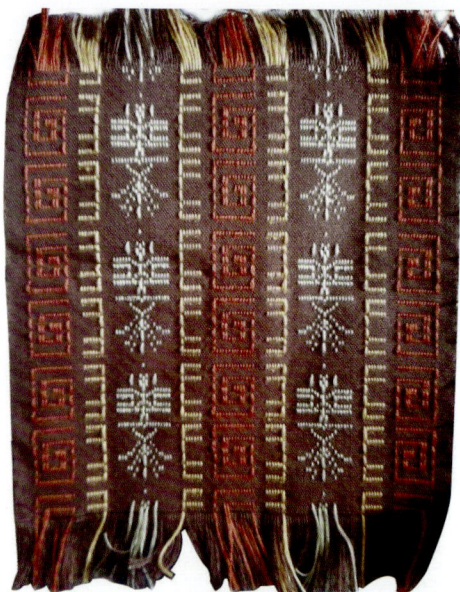

获奖评语

作品经纱采用希赛尔纤维，纬纱采用希赛尔氨纶包芯纱，织物设计感较强，构图灵动有新意，纹路设计美观大方，色彩搭配协调，可广泛应用于家纺类等领域，有比较高的市场价值。

→ **作品名称 《防蚊保健透亮纱》**

设 计 者｜马晓静
指导老师｜王锋荣
选送单位｜山东轻工职业学院

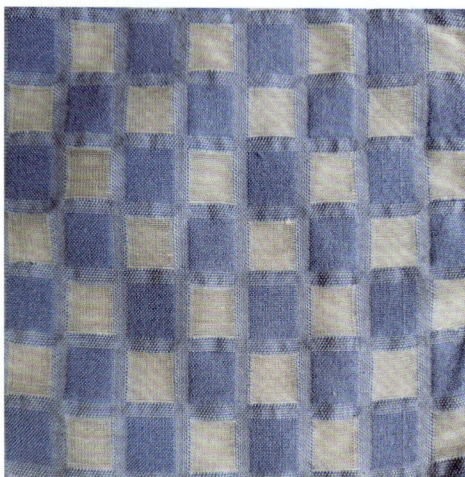

获奖评语

作品采用希赛尔、桑蚕丝与艾维抗菌纤维为原料，以希赛尔为织物外层、艾维抗菌纤维为织物中间层。织物既具有颜色鲜艳、不褪色的特点，又兼具抗菌保健功能，适宜作为夏季服用面料。

第10届中国高校纺织品设计大赛
"希赛尔"纤维纱线织物专题设计组　一等奖

→ **作品名称 《肌理》**

设 计 者｜应锦程　周荣鑫　钱江莲
指导老师｜段亚峰
选送单位｜绍兴文理学院

获奖评语

　　作品采用希赛尔纤维为原料，以树皮皱为织物组织，结合数码印花模拟出树皮自然纹路。织物配色简洁古朴，层次丰富、设计装饰感较强，有较好的创新性，工艺可操作性较强，有较大的市场适用性。

→ **作品名称 《丝纤脉络》**

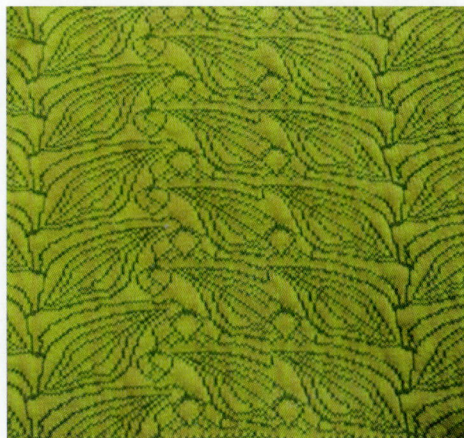

设 计 者｜马晓涛　吴佳伟　魏祺煜
指导老师｜朱昊
选送单位｜绍兴文理学院

获奖评语

　　作品采用涤纶长丝、高收缩丝和希赛尔纱线为原料，以两色空气层提花组织织造成型，涤纶长丝增强织物的保型性和硬挺感，由高收缩丝形成织物的凹凸效应，使希赛尔纤维突出，与皮肤接触，充分发挥其舒适性好的优点；同时使织物立体感强，实现了织物层次对比及丰富多变的立体花型效应。

第10届中国高校纺织品设计大赛
"希赛尔"纤维纱线织物专题设计组　一等奖

→ **作品名称** 《水墨周庄》

设 计 者｜杨静　王珍珍　纪春花
指导老师｜尹雪峰
选送单位｜苏州大学应用技术学院

获奖评语

　　作品以周庄为灵感，采用电脑横机编织工艺和黑白灰的水墨风格，给人一种耳目一新的感觉，极具视觉冲击力。景物虚实相衬，色彩微妙自然，极具中国传统水墨画意境，呈现出一种古典的中式美学意境。构思巧妙，花纹自然大方，具有很强的美感和装饰性。

→ **作品名称** 《年轮》

设 计 者｜张石楠　刘灿　王文静
指导老师｜尹雪峰
选送单位｜苏州大学应用技术学院

获奖评语

　　作品以树的年轮为设计灵感，采用电脑横机工艺成型，作品运用局部编织，通过线条来表现出年轮的感觉，采用正反面组织使织物具有多样性，更具特色，多种形式的结合使作品具有较强的层次感与时尚感。作品织纹细腻，层次丰富，呈现出一种欧式的简约。作品适用于室内装饰或服用面料，有一定的市场价值。

第10届中国高校纺织品设计大赛
"希赛尔"纤维纱线织物专题设计组　一等奖

→ 作品名称　《万山红遍》

设 计 者｜王苏　康浚仪　刘稳
指导老师｜王庆涛　荆妙蕾
选送单位｜天津工业大学

获奖评语

作品采用涤纶低弹丝与希赛尔结合，充分利用了两种纤维的特性，织物平整硬挺。作品根植于传统文化，设计思路清晰，结构完整，色彩运用沉稳大气。整体画面丰富饱满，具有广泛的家居或室内装饰应用前景，具有一定的装饰美感和市场化开发应用价值。

→ 作品名称　《音乐之声》

设 计 者｜向鑫　李晨　王云
指导老师｜陈志军
选送单位｜武汉纺织大学

获奖评语

作品采用希赛尔和丝光棉为原料，以五线谱音符为灵感，运用平纹地组织、满地花型经起花组织织造。产品光洁亮丽，柔软抗皱，花型别致，色彩简洁大方，表现力强，是理想的服装及装饰用面料。

第10届中国高校纺织品设计大赛
"希赛尔"纤维纱线织物专题设计组　一等奖

→ **作品名称**　《天丝的风》

设 计 者｜段梦轩　李丽熠　　指导老师｜孙润军　张萌　　选送单位｜香港理工大学

获奖评语

　　作品采用希赛尔短纤纱和有色涤纶长丝为原料，经并捻加工成双色螺旋线后作经纬纱，利用长丝和短纤纱热湿率差异，形成组织浮长线上的长丝微弧圈扭曲鼓起；并采用烂花工艺形成"色织套格＋烂花"的双重外观风格。织物厚实挺括、结构活络、吸湿透气、舒适耐用，花型色彩淡雅、大方稳重，有较好的实用性。

→ **作品名称**　《百叶繁花》

设 计 者｜朱亚婷　张盛泽　潘刘霞
指导老师｜马旭红
选送单位｜浙江纺织服装职业技术学院

获奖评语

　　作品采用希赛尔纤维为原料，运用平纹组织，结合数码印花工艺，利用印经的特殊工艺获得特殊的图案效果。织物图案有柔和的影纹，显现出隐约的效果，艺术感染力强，有较好的实用价值。

第10届中国高校纺织品设计大赛
"希赛尔"纤维纱线织物专题设计组　一等奖

→ 作品名称 《云景》

设 计 者｜李雪梅　吴丽丽　王颖
指导老师｜张红霞
选送单位｜浙江理工大学

灵感
来源

作品
效果

获奖评语

　　作品采用希赛尔纤维与桑蚕丝、锦纶结合，以祥云为设计元素，运用花部组织显色，地部组织纬纱交错形成独特纹理变幻效果。产品轻薄美观、舒适亲肤，具有一定的装饰美感和市场化开发应用价值。

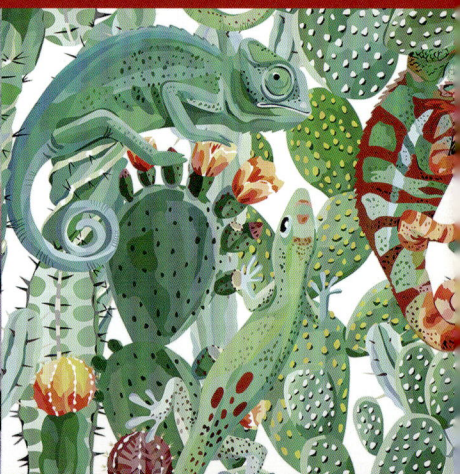

TEXTILE
DESIGN
COMPETITION

"红绿蓝杯"中国高校纺织品

设计大赛

第 **11** 届优秀作品选

第11届中国高校纺织品设计大赛
家纺装饰用织物设计组　特等奖

→ **作品名称 《灵菇幽梦》**

设 计 者｜明琳　宋晨曦　金良杰

指导老师｜段亚峰

选送单位｜绍兴文理学院

获奖评语

　　作品以蘑菇为设计灵感，采用莱赛尔/涤纶混纺纱和莱赛尔/氨纶包芯纱为原料，交替穿经。作品巧妙地利用了氨纶包芯纱的优异弹性和较强的收缩性，使紧密的平纹织物在下机后因应力松弛形成了风格独特的立体感较强的双层高泡花型结构，呈现出独特的蘑菇效果，织物外观美观，结构紧密，具有独特的立体效果，有一定的创新性。

第11届中国高校纺织品设计大赛
大提花及数码印花织物花型设计组　特等奖

→ **作品名称　《璨空星辰》**

设 计 者 | 薛思涛　左仁杰　李玮
指导老师 | 王晓霞
选送单位 | 西安工程大学

获奖评语

　　设计灵感来源于中国航空梦，通过航空科技的图形组合，创造出一幅色彩丰富和时尚感强的花型。设计色彩柔和，自然协调，花型灵动，拼接有序，层次分明，让科技感很强的花型活了起来，让人一眼难忘。手法简洁明了，深浅搭配层次自然，通过虚拟化的水彩过渡，让花型灵动，让创意融入色彩之中，具有较高的使用价值。

第11届中国高校纺织品设计大赛
纤维艺术与材料再造设计组　特等奖

→　**作品名称　《竹染》**

设 计 者｜任艳博
指导老师｜王教庆
选送单位｜西安工程大学

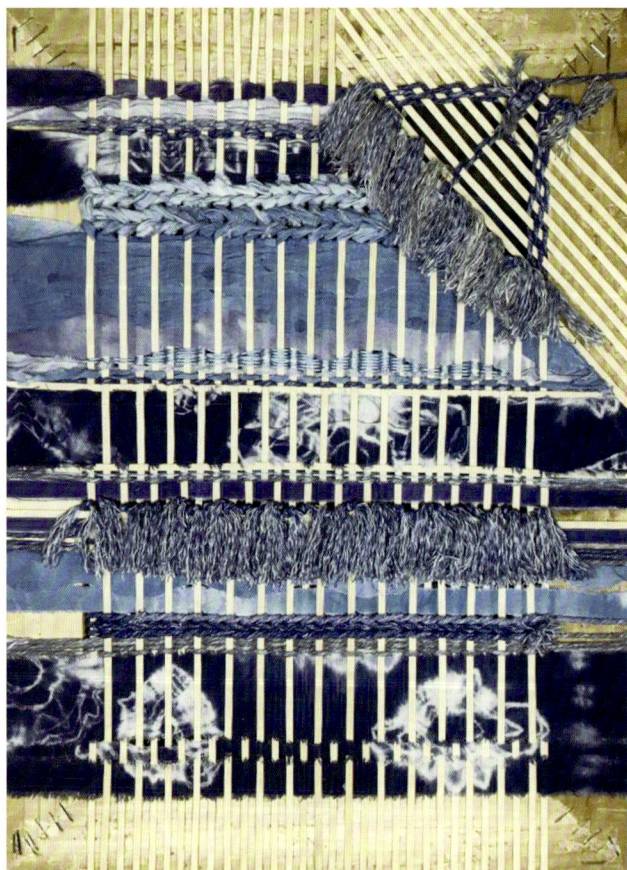

获奖评语

　　该作品巧妙构思、匠心制作，采用扎染、竹编、拼布、撕裂、绳编等工艺方法，获得极
具艺术表现力的视觉效果。设计充分发挥不同纤维性能特征，以有限的材料和创造面积在最
大程度上发挥了艺术创造力。作品整体简洁、清新，形式与内容较完美结合，艺术张力较
强，具有较高的艺术表现力和欣赏价值。

第11届中国高校纺织品设计大赛
针织服用织物设计组　一等奖

$\rightarrow$　**作品名称　《双重奏》**

设 计 者｜汪旭甜　陈婷　李侨丽
指导老师｜史红艳
选送单位｜绍兴文理学院

获奖评语

　　作品以元宵节的红灯笼为设计灵感，运用移圈抽针及满针罗纹方式进行编织，形成较为蓬松的毛圈和明显的孔眼凹凸效果；采用不同颜色的莱赛尔为原料，通过蓝红两色形成冷暖色对比。产品色彩搭配协调，舒适亲肤，设计装饰感较强，既有稀薄之韵又有厚重之感，有一定的创新性，具有较好的装饰美感和较高的市场化开发应用价值。

$\rightarrow$　**作品名称　《花田半亩》**

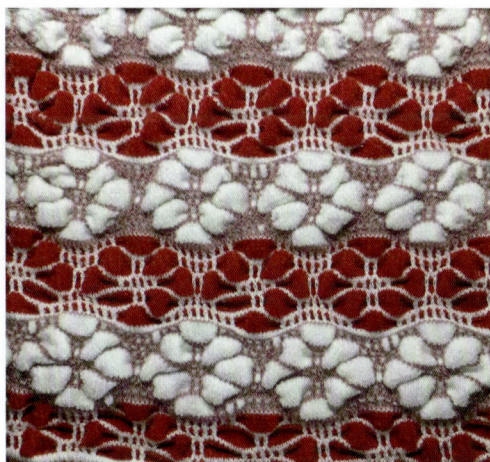

设 计 者｜缪璐璐　吕世杰　周筱雅
指导老师｜朱昊
选送单位｜绍兴文理学院

获奖评语

　　作品以花田为设计灵感，采用雪尼尔及莱赛尔/氨纶包覆纱为原料，运用超高线圈指数的弹性线圈与雪尼尔常态线圈的组合形成单面不均匀提花织物组织结构。产品色彩鲜艳，视觉冲击力强烈，层次丰富，有明显的凹凸外观效应，符合当前的流行性和现代审美情趣，可用于服用纺织品，具有较高的市场价值。

第11届中国高校纺织品设计大赛
针织服用织物设计组　一等奖

→ **作品名称** 《航行者·自我追寻》

设 计 者｜黄绮琳　杨丽三　谭晓丹
指导老师｜谢娟
选送单位｜五邑大学

获奖评语

　　作品创作灵感来源于一片被蓝色湖泊围绕的黄色树木，由此联想到人生和初心，立意非常新颖。采用浮线、单面提花等技法将混蓝色丝线以浮长线呈现于织物表面，体现湖水流动的动态效果；运用不完全轴对称的菱形表达人类向往自由的内心。作品配色大胆，色彩组合协调，手感丰满柔软，保暖性好，具有较好的立体感，是理想的服装针织面料。

→ **作品名称** 《海蕴》

设 计 者｜陈宝仪　陈金文　卢杰
指导老师｜张艳明
选送单位｜五邑大学

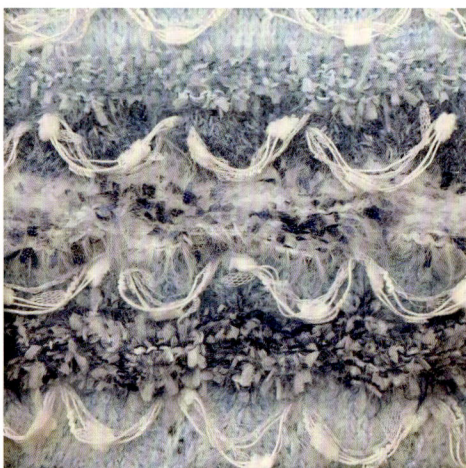

获奖评语

　　作品设计灵感来源于"无塑海岸"，将环保理念与织物设计相结合，采用正、反面线圈组织和移圈组织进行编织，形成明显的凹凸效应；同时运用灵动的配色及羽毛纱等花式纱线与组织结构进行搭配，展示人类对海洋污染问题的重视，迎合了现代消费者追求低碳、环保的生活模式。产品结构复杂，色彩艳丽，手感柔软，毛绒感强，保暖性好，是理想的服用面料，具有较好的实用性。

第11届中国高校纺织品设计大赛
针织服用织物设计组　一等奖

→ 作品名称　《熠彩凌云》

设 计 者｜李侨丽　汪旭甜　陈婷
指导老师｜史红艳
选送单位｜绍兴文理学院

获奖评语

作品设计灵感来源于雨后绚烂的彩虹，采用单面不均匀提花和正反面结构，通过多针翻针获得织物反面浮长线呈现正面的花型效果，在氨纶包芯纱的带动下，正面浮长线形成明显弯曲效果；同时利用花式纱线对作品构图及色彩进行过渡，形成较佳的花式效应。产品色彩艳丽，立体感强，风格独特，构思巧妙，创意新颖。

→ 作品名称　《国风云澜》

设 计 者｜童雪瓶　汪慧怡　缪蒙蒙
指导老师｜朱昊
选送单位｜绍兴文理学院
注　图片缺失

获奖评语

作品以祥云为设计灵感，体现人们对吉祥如意生活的追求与向往。采用胖花组织，使布面在原有的波浪轮廓图案上获得强烈的凹凸立体效应，配合较好的配色，使织物具有别样风情。作品具有浓重的"中国风"，色彩搭配和谐，立体感强，手感舒适，展现了简约、大方、自然的现代风格，艺术气息浓厚，具有较高的市场化开发应用价值。

第11届中国高校纺织品设计大赛
针织服用织物设计组　一等奖

→ **作品名称　《江崖海水》**

设 计 者｜吕世杰　周筱雅　缪璐璐
指导老师｜谢娟
选送单位｜五邑大学

获奖评语

　　作品设计灵感来源于古代官服上的"江崖海水纹"，寓意"江山同一""万世升平"。采用超高线圈指数单面不均匀提花结构，通过控制线圈指数使织物获得规则的凹凸效应，同时配合氨纶包芯纱的不连续脱圈，使产品具有多层织物的视觉效果和手感。作品配色和谐，风格雅致，构图鲜活灵动，织物立体感强，具有较好的装饰美感和实用性。

→ **作品名称　《大海·浪花》**

设 计 者｜甘露露　李嘉怡
指导老师｜王继曼　王艳
选送单位｜江苏工程职业技术学院

获奖评语

　　作品创意新颖，以海浪为设计灵感，采用凸条组织并配合纱线色彩与不同宽度局部凸条形成具有海浪外观效果的织物。配色典雅大方，色彩层次分明，纹路设计美观大方、装饰感较强，手感柔软舒适，具有极佳的韵律美和较强的层次感，可广泛应用于各类针织产品，具有较高的市场应用价值。

第11届中国高校纺织品设计大赛
针织服用织物设计组　一等奖

→ **作品名称　《"齐"乐融融》**

设　计　者｜林红霞　王悦
指导老师｜姚永标　张一平　刘云
选送单位｜河南工程学院

获奖评语

设计灵感来源于2008年奥运会吉祥物，以蛋白纤维及芦荟纤维为原料，运用单面提花组织，形成奥运会吉祥物卡通图像。产品花型新颖，色彩鲜艳，表现力强。手感柔软，悬垂性好，且不易皱缩，不易虫蛀，对人体皮肤有一定的滋养作用，是理想的针织服用面料。

→ **作品名称　《蝶·梦》**

设　计　者｜赵钰洁
指导老师｜尹雪峰
选送单位｜苏州大学应用技术学院

获奖评语

作品以蝴蝶为设计灵感，采用电脑横机编织工艺进行针织服用织物设计。作品以浮线捆扎的方式形成了蝴蝶的形状，使平面的作品增加了立体感，栩栩如生，作品中亮片和金银丝的使用更突出和增强了蝴蝶的视觉效果。作品具有良好的悬垂性和光泽，不易褶皱，具有良好的外观效果和手感。织物层次感突出，清新甜美，适体性好，是一款较有创意性的作品。

第11届中国高校纺织品设计大赛
针织服用织物设计组　一等奖

→ **作品名称　《"两面派"》**

设 计 者｜顾梦溪　周玉莹　房孟琪

指导老师｜孙玉钗　魏真真

选送单位｜苏州大学

获奖评语

　　该作品为功能性作品，利用吸湿、导湿性能不同的两种纱线，实现导湿排汗的特殊效果，使用电脑横机设计织造，利用撞色搭配形成时尚的外观效果。作品面料结构独特，外观花型素雅而大方，有很好的装饰性和舒适性。作品融合了科技元素和时尚元素，具有一定的创新性。

第11届中国高校纺织品设计大赛
机织服用织物设计组　一等奖

→ **作品名称　《深海》**

设 计 者｜马运娇　范雨琪

指导老师｜李旦　段亚峰　姚江薇

选送单位｜绍兴文理学院

获奖评语

　　该作品设计灵感来源于大海远视的平静蔚蓝，近视海浪波动变化的白，与作品实物的表现比较相符。实用性的大货生产比较可行，适用于男女装秋冬上衣外套服装面料。材料选择合理，保暖性好，颜色搭配符合设计灵感。生产工艺流程的设计合理。小样设计、制作规范认真。

第11届中国高校纺织品设计大赛
机织服用织物设计组　一等奖

→ **作品名称 《符文》**

设 计 者｜夏帅飞　吴丽丽　陈小丽
指导老师｜张红霞
选送单位｜浙江理工大学

灵感
来源

应用
效果

主体
样品

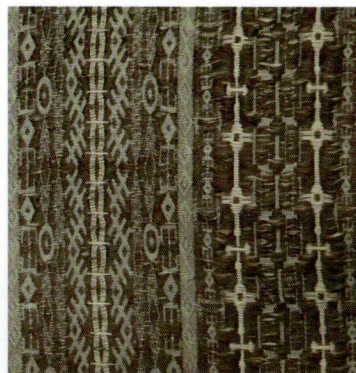

系列
样品

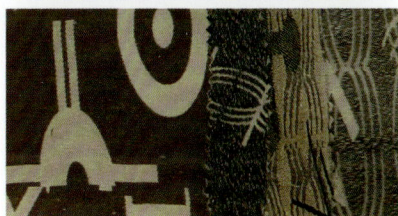

获奖评语

　　作品设计理念清晰，将设计灵感"古代纹样"利用抽象图案和几何符号结合深色调纱线表现得淋漓尽致，电子提花织造，花型古色古香，给人以美的联想，形成独特的视觉效果和触觉效果，整体充满文化和艺术的气息，给人以别样的感觉，组织结构合理，大生产可行性强。

第11届中国高校纺织品设计大赛
机织服用织物设计组 一等奖

→ **作品名称 《远方》**

设 计 者｜张靖贻 李文超
指导老师｜王晓 刘美娜
选送单位｜烟台南山学院

获奖评语

　　该作品经纱采用棉纱，强力好，可保证织造效率，传统花式能表现独特的外观，双层结节组织增强了织物立体感，色彩搭配丰富，风格粗犷，手感丰厚，艺术气息浓郁，能较好地诠释设计者的创作灵感。具有一定的美观性，配色简洁古朴，设计装饰感较强，有较好的创新性，工艺可操作性较强，有较大的市场适用性。

→ **作品名称 《最炫民族风》**

设 计 者｜唐燕 侯佳馨
指导老师｜张毅 荆妙蕾 王庆涛
选送单位｜天津工业大学

获奖评语

　　作品灵感来源于少数民族服饰，色彩搭配和谐，闪光纱与毛球纱运用是作品亮点，较好地表现了传统文化与时尚的结合，组织设计简洁，织物表面有层次感，图案花型典雅大方，素而不俗，所织花纹简约有序，典雅美观，实用性很强，适合女士休闲裙装，具有一定的装饰美感和市场化开发应用价值。

第11届中国高校纺织品设计大赛
机织服用织物设计组　一等奖

→ **作品名称　《四方》**

设 计 者｜郭琛　刘建　张雨晗
指导老师｜范立红　盛翠红
选送单位｜西安工程大学

获奖评语

　　该作品引用了"直方图"概念，通过格纹组织和浮长线断纱表现出新颖变化的格子外观，结构紧密度适中，颜色搭配简洁大方，配色时尚，织物手感柔软，外观层次丰富多变，具有时尚感且材料运用新颖有特色。服用性强，市场应用面较广。

→ **作品名称　《珠联璧合》**

设 计 者｜刘琼憶　何琪钰
指导老师｜姚江薇
选送单位｜绍兴文理学院

获奖评语

　　作品设计及实物效果奢华大气，故事感强，寓意深刻。纱线运用与组织结构兼顾，外观肌理丰富，适合晚装及礼服面料，既有服用性又颇具时尚和优雅品位。该作品在处理时认真严谨，布面干净整洁，在组织结构与技术方面也相对成熟，经纬密搭配相对合理，实用性很强。

第11届中国高校纺织品设计大赛
机织服用织物设计组　一等奖

→ **作品名称　《东方红　太阳升》**

设 计 者｜陈顺　唐文燕　李庆
指导老师｜冯浩　刘常威
选送单位｜湖南工程学院

获奖评语

　　该作品想象力丰富，红色闪光纱表现朝气与活力，绿色牙刷线表现山水大地，蓝色马海毛表现生命与江河。立意新颖，设计感强，视觉效果好。织物纹路设计美观大方，立体感强。色彩搭配协调。色彩花型搭配极具个性，体现自然、时尚与功能，有一定的技术难度。应用范围较广。

→ **作品名称　《"布"拘一格》**

设 计 者｜李烟云　周琦英　由资
指导老师｜张梅
选送单位｜德州学院

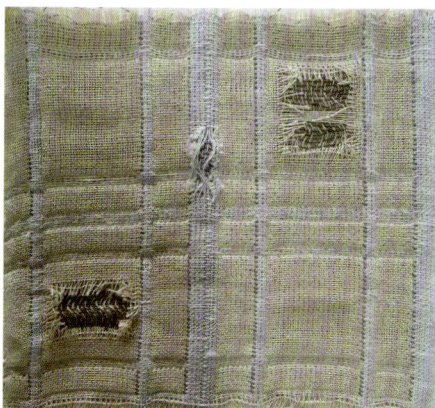

获奖评语

　　破损效果是近年来的流行元素，作品通过复杂的四层组织中空织造，再剪破浮长线露出底纹，结合格子的搭配，使工艺纱线风格完美地结合在一块面料上，创意相对来说很独特，整体作品时尚感很强，在组织搭配方面运用不错。巧妙的组织设计具有强烈的视觉冲击力，适中的经纬密度保持了织物独特的风格和触感，颇具时代感和艺术气息。构思新颖，原液着色纤维体现低碳理念。

第11届中国高校纺织品设计大赛
机织服用织物设计组　一等奖

→ **作品名称　《霞想》**

设 计 者｜贾少莎　吴洪苹
指导老师｜王晓
选送单位｜烟台南山学院

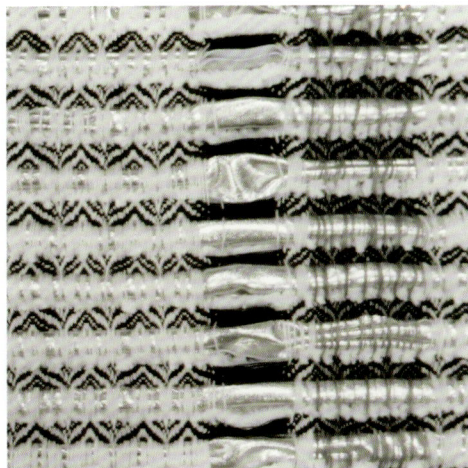

获奖评语

　　作品设计思路独特，创意性十足，纱线组合有创新性，组织与特殊布条结合，突出了设计感，层次感强，手感丰厚，花型别致，色彩简洁大方，表现力强，具有时尚感，且材料运用新颖有特色，适用于女装、围巾、窗帘等产品，可市场化生产。市场转化率及前景好。

→ **作品名称　《白云远岫，摇曳晴空》**

设 计 者｜尹燕萍　李成晋
指导老师｜杨恩龙　陈伟雄
选送单位｜嘉兴学院

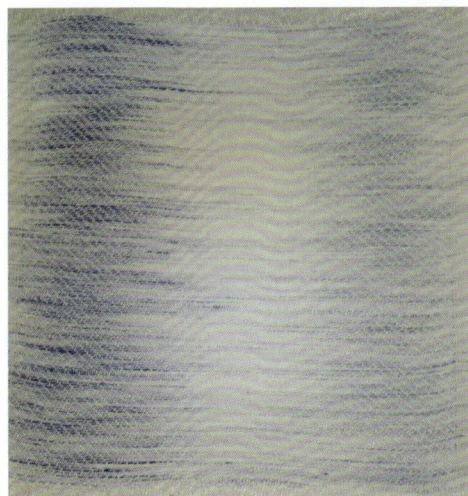

获奖评语

　　棉纱与聚乳酸/莱赛尔混纺交织，符合天然绿色理念，多色段彩纱呈现云纹般效果，能较生动地表现设计灵感，产品简洁，色彩优雅，织物手感柔软，外观层次丰富多变，具有时尚感，且材料运用新颖有特色，适用于服用和装饰领域。

第11届中国高校纺织品设计大赛
机织服用织物设计组　一等奖

→ **作品名称　《雾宫》**

设 计 者｜胡伊丽
指导老师｜张爱丹
选送单位｜浙江理工大学

获奖评语

　　该作品设计灵感来源于初期游戏中的错位空间，结合世间如雾一般的迷宫，在世界的循环往复中，有些路清晰可见，有些路隐匿其中，与作品中的几何线条和渐变颜色的设计表现相符，大货生产可行，纱线与颜色搭配合理，工艺组织的生产流程的设计合理。在组织结构与技术方面也相对成熟，经纬密搭配相对合理，实用性很强。

第11届中国高校纺织品设计大赛
家纺装饰用织物设计组　一等奖

→ **作品名称　《经纬阡陌》**

设 计 者｜金良杰　宋晨曦　明琳
指导老师｜段亚峰
选送单位｜绍兴文理学院

获奖评语

　　该作品以莱赛尔纱线和莱赛尔包芯纱为原料，两种纱线按一定比例交错排列，由于氨纶包芯纱良好的收缩性能，使作品在下机松弛后，织物正反面收缩形成了一定高度起伏的纵条和横条效果，采用不同经纬纱形成规则方格和条纹的搭配组合，形成了特殊的外观效果。织物具有一定的厚度，手感舒适，可广泛用作家庭装饰用面料。

第11届中国高校纺织品设计大赛
家纺装饰用织物设计组　一等奖

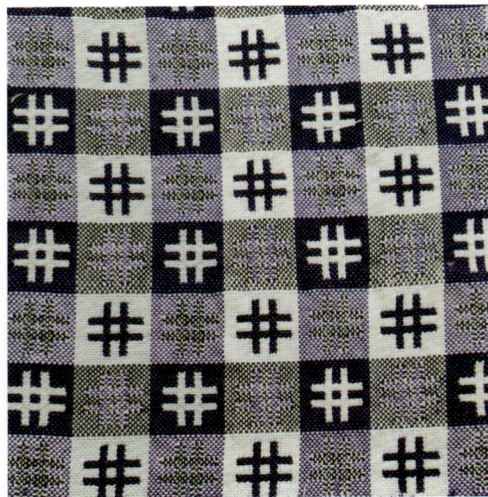

→ **作品名称　《花田》**

设 计 者｜曾永凤
指导老师｜蒋芳　岳新霞
选送单位｜广西科技大学

获奖评语

　　作品为表里换色双层组织，以涤纶缝纫线为原料，设计风格为英国田园风，通过撞色配色的方式形成小花的视觉外观风格。巧妙的组织设计具有强烈的视觉冲击力，适中的经纬密度保持了织物独特的风格和触感，具有较舒适温馨的视觉效果，颇具时代感和艺术气息。所织花纹简约有序，典雅美观，实用性很强，可用于服饰和家具装饰。

→ **作品名称　《孔雀开屏》**

设 计 者｜郑雅婷　潘玲珑　朱佳丽
指导老师｜段亚峰
选送单位｜绍兴文理学院

获奖评语

　　作品以孔雀尾羽为设计灵感，以大有光原液着色涤纶、涤棉混纺纱以及雪尼尔纱线为原料，利用传统织造技艺"缂丝"的通经回纬的织法，织造出风格独特的装饰类织物。作品为纬二重组织织物，纬纱浮长线偏长设计并弯曲形成圆弧，连续不断，形成孔雀开屏的效果，最后将浮纬平铺在织物上并加以固定，形成独特的外观效果，极具创新性。

第11届中国高校纺织品设计大赛
家纺装饰用织物设计组　一等奖

→ **作品名称　《异域之梦》**

设 计 者｜尹文娅　耿影　连倩倩
指导老师｜刘让同　李亮
选送单位｜中原工学院

获奖评语

　　该作品的设计灵感来源于少数民族风格。采用丝光棉、蚕丝、羊毛、麻等天然纤维为原料，充分体现自然环保的理念。纱线色彩的选择，以艳丽的红、绿、蓝、粉搭配，采用多种织物组织联合，形成对称的花纹结构，产品风格突出。

→ **作品名称　《天天》**

设 计 者｜李玉　杨红　汪城义
指导老师｜王庆涛　张毅　荆妙蕾
选送单位｜天津工业大学

获奖评语

　　该作品的创作灵感来源于乡村淳朴的生活，一花一世界，花木中蕴含着人生哲理。作品采用涤纶低弹丝为原料，在设计过程中采用了CAD软件进行外观模拟，采用单经重纬组织。产品外观以浅米色为主体色调，体现质朴自然的风格，搭配变形花草纹样，产品外观效果充分体现了设计理念，产品模拟使用效果好。

第11届中国高校纺织品设计大赛
家纺装饰用织物设计组 一等奖

→ **作品名称 《绚烂》**

设 计 者｜张雪 杨鸿丹 向小露
指导老师｜陆浩杰
选送单位｜绍兴文理学院

获奖评语

　　该作品设计灵感来源于自然界中的水果、花草，将自然界中丰富的色彩和植物的造型抽象化，用于产品设计之中。以涤纶和原棉为原料，采用联合小花纹组织，作品工艺合理可行，色彩鲜艳，纹路细致。抽象的花果形象给人以亲切、自然、返璞归真之感，充分表达了作品的设计理念。

→ **作品名称 《迭山甲》**

设 计 者｜黎纯昌 李红 林锡鑫
指导老师｜董凤春 黄春玲
选送单位｜五邑大学

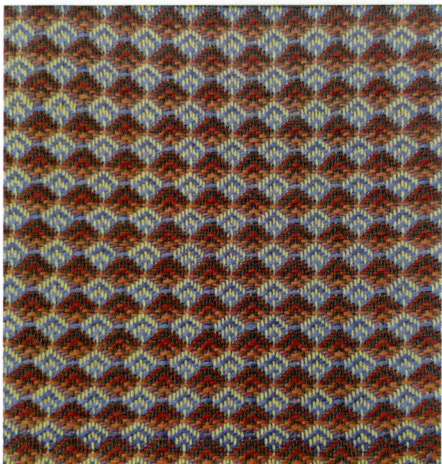

获奖评语

　　该作品的设计灵感来源于穿山甲的外壳和起伏的山峰。为了实现作品设计的理念，采用了亚麻和涤纶，并采用表里换层组织搭配小提花组织，形成了"层叠交错"的外观，立体感强，产品表面摩擦系数大。适用于做沙发垫产品，有利于保持坐姿的稳定。

第11届中国高校纺织品设计大赛
家纺装饰用织物设计组　一等奖

→ **作品名称　《几何之美》**

设 计 者｜李家莉　胡城　徐仕倩
指导老师｜宋远丁　谢艳霞　邹梨花
选送单位｜安徽工程大学

获奖评语

　　该作品设计灵感来源于古文物上的菱形几何图形，色彩灵感来源"青花瓷"的色彩搭配，采用涤棉混纺纱为原料，采用经起花组织，布面菱形图案中配以"工"字、"十"字相交图案，大小花型交互，布面外观效果平和、宁静，有素雅之感。

→ **作品名称　《网之一目》**

设 计 者｜端玉芳　孔金丹　王雨
指导老师｜林洪芹　宋孝浜　郭岭岭
选送单位｜盐城工学院

获奖评语

　　该作品的设计灵感来源于网状的建筑物，作品外观充分体现了网状结构。使用涤纶彩带为成网的骨架，配以"拉菲草"原料，工艺合理可行。采用传统的网目组织结构，使用涤纶彩带，外观风格独特。花型独具匠心，配色时尚，色彩质朴，模拟使用效果好。

第11届中国高校纺织品设计大赛
家纺装饰用织物设计组　一等奖

→ **作品名称　《水·印象》**

设 计 者｜陈凌逸　郑巧
指导老师｜娄琳
选送单位｜浙江理工大学

获奖评语

　　该作品的设计灵感紧扣主题，整幅作品的色彩基调以蓝色为主，给人以清丽之感。原料采用原液着色涤纶，减少了染色带来的污染，产品设计工艺可行，采用小花纹联合组织，色彩中加入了一些流行元素，织物手感柔软，花型别致，色彩简洁大方，表现力强，使用效果好。

第11届中国高校纺织品设计大赛
大提花及数码印花织物花型设计组　一等奖

→ **作品名称　《时迁》**

设 计 者｜王超　刘雪瑞　王妍
指导老师｜穆慧玲
选送单位｜德州学院

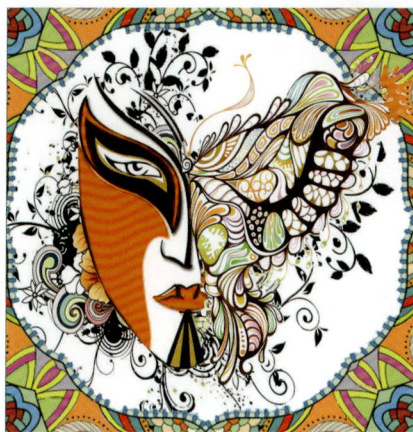

获奖评语

　　设计灵感来源于蝴蝶和花，将中国传统文化与流行时尚有机结合，图案创意炫酷，设色艳丽，且颜色组合自然协调。作品将中国传统红色、经典黑白、流行色浅粉色和淡紫色融入设计，通过脸谱的排列，给人以亲切感。花型组合有序，尺寸搭配合理，主次分明，个性十足，具有奢侈品牌的风范，具有较高的市场价值。

TEXTILE DESIGN COMPETITION

第11届中国高校纺织品设计大赛
大提花及数码印花织物花型设计组　一等奖

→ 作品名称 《映墨叙怀》

设 计 者｜秦则昊

指导老师｜王欢

选送单位｜西安工程大学

获奖评语

　　设计灵感来源于中国的传统文化——中国龙，创意新奇，通过层次变化，将中国龙文化传播出去。设计色彩淡雅，但不单调，通过强烈的水墨图案撞击抵消了其缺陷。潇洒飘逸的图案，给产品一种生机与活力感。花型通过不同的技法和调墨技巧，展现出了不同的层次变化，让龙文化具有更高的商业价值。

→ 作品名称 《伪装者》

设 计 者｜赵文萱　刘铭　李智茹

指导老师｜朱莉娜　高磊

选送单位｜德州学院

获奖评语

　　该作品设计灵感独特，让设计融于生活，让生活融于艺术。颜色设计以绿色为基调，点缀冲击感很强的红和黄色，鲜而不艳，流动感十足。同时整个色调层次分明，协调自然。花型组合灵动，层次分明。此花型具有流行时尚元素，应用前景广泛。具有较高的市场价值。

第11届中国高校纺织品设计大赛
大提花及数码印花织物花型设计组　一等奖

→ 作品名称 《寻》

设 计 者｜马悦

指导老师｜毛小娟

选送单位｜新疆大学

获奖评语

　　设计创意有趣新颖，通过中国传统的皮影戏文化将中国梁山伯与祝英台的爱情故事呈现出来，折射出对生活的渴望。颜色设计浪漫，整个颜色搭配丰富，在花型的组合中看到了故事的凄然。此花型具有较高的应用前景，市场化程度高。

→ 作品名称 《赫雷罗》

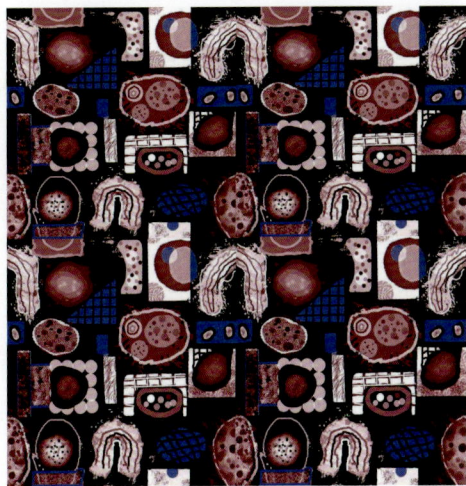

设 计 者｜王锡雯　李灿　马光洋

指导老师｜杨宁

选送单位｜德州学院

获奖评语

　　作品灵感来源于赫雷罗人的民族传统服饰。作品借用了安哥拉游牧民族传统服饰特点，用色鲜亮，花型较为复杂，表现出民族文化中的美好寓意，将它们和流行元素搭配起来，并加入了几何元素，传达神秘的朦胧美。作品构思巧妙，色彩鲜亮调和，花纹自然大方，具有很强的美感和装饰性。具有一定的市场价值。

第11届中国高校纺织品设计大赛
大提花及数码印花织物花型设计组 一等奖

→ **作品名称 《忧患者》**

设 计 者｜郭保君
指导老师｜边沛沛
选送单位｜德州学院

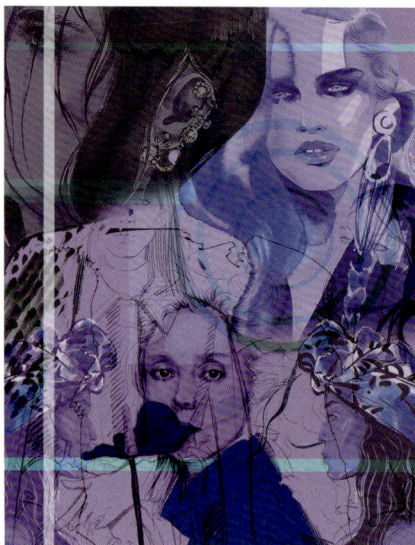

获奖评语

　　设计创意大胆新颖，元素搭配合理，有层次感。此图案花型具有一定商业实用价值，可以推向市场应用。

→ **作品名称 《菁华浮梦》**

设 计 者｜明金金　辛惠敏　张甜
指导老师｜赵萌
选送单位｜德州学院

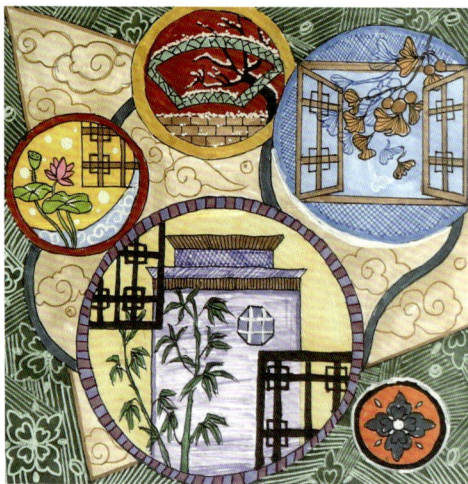

获奖评语

　　设计灵感较新颖，由宇宙星空与星球，联想到地球上的四季，并由此表达对宇宙万物的情感。空间与现实的结合，体现出不一样的图像思维，用传统深绿底白线作衬托，合理地完成一个独立纹样。色彩搭配合理，颜色亮而不俗。具有一定的装饰作用，具有较高商业价值。

第11届中国高校纺织品设计大赛
大提花及数码印花织物花型设计组　一等奖

→ **作品名称　《浮华烟云》**

设 计 者｜韦梦寒　李智茹
指导老师｜朱莉娜
选送单位｜德州学院

获奖评语

　　作品设计灵感来源于马尔康卓克基土司官寨，以中国少数民族建筑风格为元素，通过具象图形组构，用现代审美视觉对中国历史文化进行诠释，颇具时尚感。此作品花型古朴，有一种别样美感。花型搭配合理，结构严谨，配色简洁协调，令人印象深刻。可用于服饰、家纺、箱包等，市场应用较广。

→ **作品名称　《Young》**

设 计 者｜常燕
指导老师｜李敏　才英杰
选送单位｜河北科技大学

获奖评语

　　设计灵感来源于年轻人对世界的探索，对生活的感悟，以几何图形与色块不规则组合，表达青春、活力、激情。时代发展的多样性，给人们带来更多体验、更多选择。设计花型色彩以蓝、绿、红、黑为主，颜色搭配呈现一种梦幻气息，表现张力较强。创意花型新颖，商业价值较高，在服饰、家居领域使用潜力较大。

第11届中国高校纺织品设计大赛
大提花及数码印花织物花型设计组　一等奖

→ **作品名称　《涂鸦Toucans》**

设 计 者｜崔晏宁　孙希波　孙俊妹
指导老师｜王蕾
选送单位｜德州学院

获奖评语

　　设计灵感有新颖性，用鲜艳的色彩图片表现当下人们的重重生活压力。主色紫色、蓝色、绿色，皆为冷色系，但色彩轻柔、协调自然，花型层次分明，拼接有序。此花型具有极高的商业价值，适合作年轻女性的服饰，可用数码印花技术批量生产。

第11届中国高校纺织品设计大赛
纤维艺术与材料再造设计组　一等奖

→ **作品名称　《梦回青铜》**

设 计 者｜王璨
指导老师｜肖红
选送单位｜西安工程大学

获奖评语

　　该作品构思巧妙、立意新颖，以彩色羊毛毡、毛线、铁丝、棉麻布、水洗棉等为原料，对中国数千年优秀的青铜文化进行了很好的诠释，利用纤维轻薄、柔软、多变来表现青铜器的厚重，产生强烈对比效果。作品将青铜器的硬朗、厚重化为"绕指柔"，更具有较强的艺术表现力。

第11届中国高校纺织品设计大赛
纤维艺术与材料再造设计组　一等奖

→ **作品名称　《孤岛》**

设 计 者 ｜ 李浩然
指导老师 ｜ 肖红
选送单位 ｜ 西安工程大学

获奖评语

　　作品立意新颖，灵感来源于无人的孤岛生态。设计采用针扎毛毡工艺，配合拼贴与填充叠加，将色彩多变的孤岛生态环境以梦幻的形式立体呈现，呼吁人类保护自己赖以生存的生态环境，作品工艺复杂，色彩搭配和谐，深刻体现"绿水青山就是金山银山"这一环保理念，令人百看不厌。

→ **作品名称　《山鸣谷应》**

设 计 者 ｜ 王素含　蔡馨语
指导老师 ｜ 娄琳
选送单位 ｜ 浙江理工大学
注　　图片缺失

获奖评语

　　该作品设计灵感来源于自然界的山谷鸟鸣，选用多种棉、毛、化纤混纺等纤维材料为原料，采用梭织、小提花等多种技法相结合，呈现出山清水秀、鸟飞鱼游的设计效果。作品色调柔和自然，表面肌理感较突出，层次较分明，达到了人与自然知谐共生的预期设计目标。

第11届中国高校纺织品设计大赛
纤维艺术与材料再造设计组　一等奖

→ **作品名称　《缥境·逸》**

设 计 者｜郑逢
指导老师｜任泉竹　王敏
选送单位｜武汉职业技术学院

获奖评语

　　作者在旅游途中，被美景所吸引，由此产生创作灵感，作品来源于生活，属原创作品，且作者具备美术功底。作品的原材料简洁明了，采用欧根纱布料配以绣花线，通过水彩颜料调制深浅，展现远山和近石，同时利用纱与纱的叠加，色与色的衔接，充分展现了重峦叠嶂的实与虚、近与远。对于树，以精细的刺绣手法，逼真地展现了树干、树枝及树叶，惟妙惟肖，层次感很强，以简单明了的手法，向观者展现了一副美好图画。整体效果很好。不足之处是色彩稍显单调，若加以飞鸟，效果更佳。

→ **作品名称　《"脉动"——创新感温水溶绣首饰设计》**

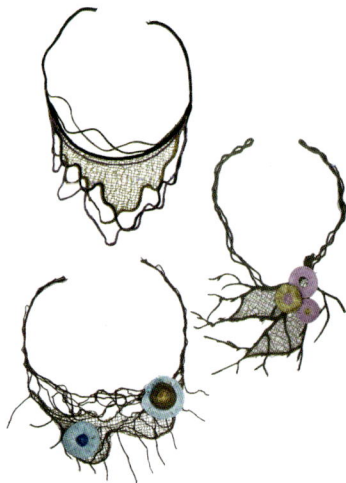

设 计 者｜张娇　王笑语　孙梦情
指导老师｜王雪琴
选送单位｜浙江理工大学

获奖评语

　　作品设计灵感来源于山脉、水脉、植物的相容相交，最终形成首饰——项链。采用纱线交叉缠绕水溶绣工艺，最终获得无底布支撑效果，成品风格独特，色彩搭配和谐，价格低廉、绿色环保，且极具时尚艺术风格，适用于私人定制晚装或舞台剧秀场。

第11届中国高校纺织品设计大赛
纤维艺术与材料再造设计组　一等奖

→ **作品名称　《归》**

设 计 者 | 陈慧君　周游
指导老师 | 张静
选送单位 | 西安工程大学

获奖评语

　　该作品设计灵感来源于大自然中秋收的麦田，原材料选用羊毛、羊绒、毛条、干稻草、玉米叶、藤、棉条等多种纤维，采用多种交织技法及裁绒、捆、绑等相结合，获得极强的艺术张力及表现力。作品色调雅致，肌理感突出，材料绿色环保，凸显了倡导科技时尚、低碳环保的设计理念。

→ **作品名称　《朦胧视界》**

设 计 者 | 别焱焱　王一凡
指导老师 | 边沛沛
选送单位 | 德州学院

获奖评语

　　该作品以自然界草木为灵感，采用轻盈的欧根纱覆在羊毛毡上，选择带有色彩绚丽的纹理花布剪成不规则的树枝图案。巧妙地使用丙烯进行染色，塑造机理质感，并采用银色的线勾列出花形，增添了大自然的神秘感。设计装饰感较强，有较好的创新性，工艺可操作性较强，有较好的市场适用性。

第11届中国高校纺织品设计大赛
纤维艺术与材料再造设计组　一等奖

→ **作品名称　《纯天然莫代尔纤维·生命的呼唤》**

设 计 者｜艾一帆　李守莲　王思佳
指导老师｜朱莉娜
选送单位｜德州学院

获奖评语

　　作者针对当今日益破坏的生态环境产生创作灵感，寓意深刻，发人深省。原料采用原液着色再生纤维——莫代尔纤维和纱线，通过颜色的搭配和油画打底，展现了稀有动物、植物以及污染土壤的组合。作者以绿色环保原材料和简洁明了的工艺创作手法，向人们展示了人类赖以生存的生态环境所面临的危险境地，呼吁人们爱护环境，提倡环保，作者用心良苦，寓意明确。

→ **作品名称　《灯心草·水净化》**

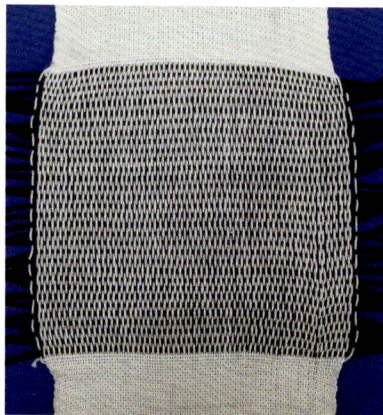

设 计 者｜陈亚丽　赵国猛　任李培
指导老师｜肖杏芳
选送单位｜武汉纺织大学

获奖评语

　　该作品设计灵感来源于多水环境中的灯心草植物，选用活性炭和纯棉纱线为原材料，利用平纹交织的编织技法获得极佳的艺术效果，同时巧妙地将光能与热能进行转换，使其水净化的功能性设计目标得以实现。作品简洁雅致，创意新颖，时尚感强，较好地突出了科技时尚与生态环境相结合的设计理念。

第11届中国高校纺织品设计大赛
纤维艺术与材料再造设计组　一等奖

→ **作品名称　《青春律》**

设 计 者｜王黎姣　赵晓艳

指导老师｜徐训鑫　罗夏艳

选送单位｜西安工程大学

获奖评语

该作品设计灵感来源于"青春活力"，采用珠管、绣片、羊毛毡等多种材料，对传统缠枝纹样引入新的组合设计。设计通过蓝绿色系盘线、刺绣等工艺，将流畅舞动的形态表现出来，获得极具欣赏价值的艺术表现力，作品在形式与内容表现上都较好地诠释出"青春活力"。

TEXTILE
DESIGN
COMPETITION

"红绿蓝杯"中国高校纺织品
设计大赛
第**12**届优秀作品选

第12届中国高校纺织品设计大赛
纤维艺术与材料再造设计组　特等奖

→ 作品名称　《锦鸡来仪》

设 计 者｜郭锦章　麦颖桉　林雅迪
指导老师｜董凤春
选送单位｜五邑大学

获奖评语

　　该作品运用蜡染手法勾勒出一幅以锦鸡为主体，蝴蝶、牡丹及岩石为点缀的画面。作品以苗族的吉祥物锦鸡为创作灵感，将少数民族的特色生动地展现在人们眼前。作品主题生动轻快、饱满和谐、富有美感，同时体现中华民族相融相生以及优秀传统文化的源远流长。作品层次感强，构图完整，色调素雅，风格独特。

第12届中国高校纺织品设计大赛.
针织服用织物设计组 . 一等奖

→ **作品名称** 《缘·渔乡》

设 计 者｜崔春光　程泽凡　季如意
指导老师｜孙妍妍　储长流　王燕
选送单位｜安徽工程大学

获奖评语

　　织物采用双面结构，体现双层效果。织物采用段染纱编织，富有层次变化与立体感，还具有丰富的色彩变化，符合时尚潮流，面料的立体感强。产品结构复杂，色彩艳丽，手感柔软，毛绒感强，适用于服用或装饰用面料，具有较好的实用性。

→ **作品名称** 《像云像雾又像花》

设 计 者｜张敏月　占爱萍
指导老师｜朱昊
选送单位｜绍兴文理学院

获奖评语

　　作品以美丽的山茶花为设计灵感，采用羽毛线为原料，运用单面不均匀提花组织形成大小不一致的线圈，使织物凹凸效果明显，立体感强。产品厚实温暖，质地轻盈，绒面丰满，手感柔软，高档华丽，有较好的创新性，具有较好装饰美感和较高市场化开发应用价值。

第12届中国高校纺织品设计大赛
针织服用织物设计组　一等奖

→ 作品名称　《"载"一起》

设 计 者｜施佳婳　居琴燕　徐旖晗
指导老师｜孙玉钗　魏真真
选送单位｜苏州大学

获奖评语

　　该作品在色彩选择上，采用明度相近的颜色，丰富有趣；颜色组合上，既有色环相差较大的撞色效果，又有色系较近的柔和效果。材料上，彩色羊毛混纺纱织物，表面光洁，织纹清晰，光泽自然。产品花型新颖，色彩鲜艳，表现力强，是理想的服装及装饰用面料。

→ 作品名称　《繁忙交通》

设 计 者｜顾嘉怡　张凯　潘晨
指导老师｜魏真真　孙玉钗
选送单位｜苏州大学

获奖评语

　　简约风在年轻人中是一个很大的流行元素，本设计利用极简的线条元素代表道路上交通工具的一种行驶轨迹，从而简单地将这种有规则的交错美体现出来。花型别致，色彩简洁大方，表现力强，具有时尚感，且材料运用新颖有特色，适用于服装、装饰等领域，市场转化率及前景好。

第12届中国高校纺织品设计大赛
针织服用织物设计组　一等奖

→ 作品名称 《零距离》

设 计 者｜王宇　周澳
指导老师｜尹雪峰　陈丁丁　王可欣
选送单位｜苏州大学应用技术学院

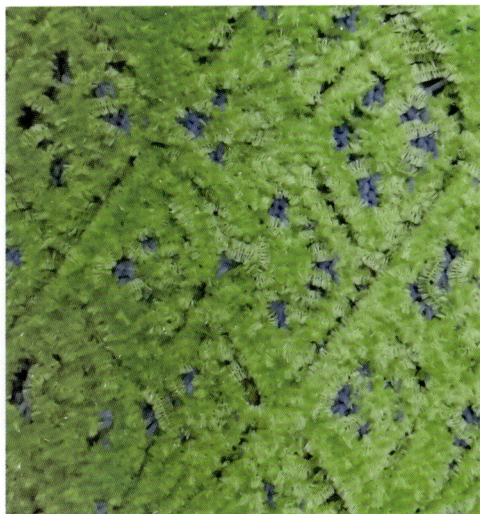

获奖评语

作品灵感来源于平凡的绿叶，透过绿色的树叶可以看见碧蓝的天空。在设计特点上，因为考虑了层次的问题，所以用镂空和移针的方式来显示两层图形。作品有丰富的肌理效果和时尚感，配色大胆，色彩组合协调，手感丰满柔软，保暖性好，具有较强的立体感，是理想的服装针织面料。

→ 作品名称 《海浪》

设 计 者｜周澳　王宇
指导老师｜尹雪峰　陈丁丁　王可欣
选送单位｜苏州大学应用技术学院

获奖评语

作品以海浪为灵感，采用浮长线形成具有海浪外观效果的织物，运用多种纱线来表现组织的肌理感。产品配色典雅大方，色彩层次分明，纹路设计美观大方、装饰感较强，手感柔软舒适，具有极佳的韵律美和较强的层次感，可广泛应用于各类针织产品，具有较高的市场应用价值。

第12届中国高校纺织品设计大赛
针织服用织物设计组　一等奖

→ **作品名称　《倒影》**

设 计 者｜黄栩敏　周欣雨　陈睿
指导老师｜尹雪峰　任婧媛　陈研
选送单位｜苏州大学应用技术学院

获奖评语

　　该作品以大自然中水面倒影为灵感，运用自然中的颜色来呼吁大家保护自然环境。采用了比较细的纱线，所以织物有较高密度，具有良好的弹性，有一定的厚实度，不易起皱。多种色彩的结合使本系列作品具有较强的色彩外观效应与时尚感。色彩搭配和谐，手感舒适，展现了简约、大方、自然的现代风格，艺术气息浓厚，具有较高的市场化开发应用价值。

→ **作品名称　《层层叠叠》**

设 计 者｜陈绮霞　陈嘉琪　秦玉
指导老师｜张艳明
选送单位｜五邑大学

获奖评语

　　该作品的图案主要是由多个山脉层叠而成，直接把山脉的曲线勾勒出来，再通过渐变的颜色来表达出大自然真实的美，通过普通纱线与花式纱线的变化来表达不同山峰的变化，从而形成一种有凹有凸、不同层次的山峰。作品配色和谐，风格雅致，构图鲜活灵动，织物立体感强，具有较好的装饰美感和实用性。

第12届中国高校纺织品设计大赛
针织服用织物设计组　一等奖

→　**作品名称　《容颜》**

设 计 者｜孙梦情　祝杭琪　王笑语
指导老师｜王雪琴
选送单位｜浙江理工大学

获奖评语

作品以容颜为设计元素，以起伏的山地为灵感来源，采用真丝、涤纶、人造丝为原料，运用针织、刺绣等工艺，形成凹凸起伏纹理变幻效果。作品轻薄美观，配色大胆，色彩组合协调，手感丰满柔软，保暖性好，具有较强的立体感，是理想的服装针织面料。

→　**作品名称　《游龙》**

设 计 者｜王笑语　杨蕾　吕雪珊
指导老师｜王雪琴
选送单位｜浙江理工大学

获奖评语

作品设计灵感来源于一块描绘龙隐祥云的织锦。通过龙鳞、龙爪、祥云等元素，以见微知著的方式去表达龙的英姿。采用针织局部编织工艺，将龙鳞立体化，与祥云相伴，探究使图案更加丰富立体的可能性。作品由立体鳞片与提花云纹结合，产生立体肌理效果，产品面向追求个性、潮流的年轻时尚群体，适合作秋冬服饰面料。

第12届中国高校纺织品设计大赛
针织服用织物设计组　一等奖

→ **作品名称　《空心袋状立体面料》**

设 计 者｜邓倩囡　周荻洋　杨蕾
指导老师｜王雪琴
选送单位｜浙江理工大学

获奖评语

　　作品将时间、机械、变化、科技等概念进行融合，通过将具象的现实想象几何化，空心袋织的立体感通过反底提花结构设计得以呈现，泥点结构增加像素风格，作品面料结构独特，有很好的装饰性和舒适性。作品融合了立体感和外观时尚元素，具有一定的创新性。

第12届中国高校纺织品设计大赛
机织服用织物设计组　一等奖

→ **作品名称　《纵横天地》**

设 计 者｜张又文　唐梦瑶
指导老师｜眭建华
选送单位｜苏州大学

获奖评语

　　彩经、彩纬分别间隔织入织物中，构成纵横平行排列、对角组合的模纹图案。对彩经、彩纬的浮长线加以修剪，留出部分彩色流苏，具有特殊的装饰效果。选用中高支数全棉纱，结合较小的经密，突出材质轻薄和舒适透气的质感。平纹作基础组织，面料平挺、坚牢。符合当前的流行风格和现代审美情趣，可用于服用纺织品，具有较高的市场开发价值。

第12届中国高校纺织品设计大赛
机织服用织物设计组　一等奖

→ **作品名称　《竹韵》**

设 计 者｜陈林芝　周雨虹
指导老师｜瞿永
选送单位｜安徽职业技术学院

获奖评语

　　采用配色模纹组织所织造的独特的回字纹路面料，手感平整、光滑、舒适，但外观凹凸有层次，给人以强烈的立体感和层次感。织物经、纬纱均采用大豆蛋白纤维为原料，面料柔软滑爽，细密轻盈，色彩搭配和谐，展现了简约、大方、自然的现代风格，艺术气息浓厚，具有较高的市场化开发应用价值。

→ **作品名称　《隐·合》**

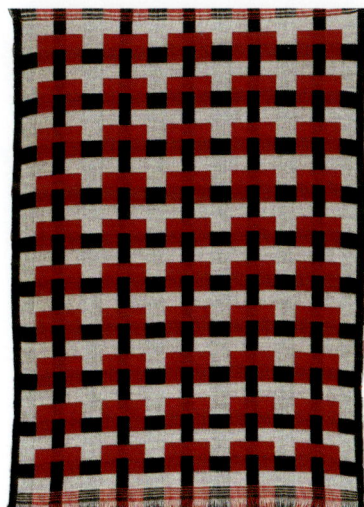

设 计 者｜陈景红　任静
指导老师｜瞿永　余琴
选送单位｜安徽职业技术学院

获奖评语

　　织物设计为三纯色的表里换层组织，利用三色变换使织物表面具有层次感、立体感，织物用色纯净简约，格纹稳重大方，结构均匀，变换丰富，过渡自然。织物中竹纤维、牛奶纤维、棉纤维混合，具有天然抗菌和抗紫外线作用，强度好，耐磨性好，织物的使用性能优异。织物柔软滑爽，外观层次丰富多变，具有时尚感，且材料运用新颖有特色，适用于服用和装饰面料。

第12届中国高校纺织品设计大赛
机织服用织物设计组　一等奖

→ **作品名称** 《霞间织霓裳》

设 计 者｜唐梦瑶　张又文
指导老师｜眭建华
选送单位｜苏州大学

获奖评语

　　作品以色彩鲜艳的朝霞和白色天幕碰撞为主要灵感，运用纬纱挖花处理工艺。采用多种颜色的纬线混合搭配，产生各种颜色效果和花纹图案。面料双面可用。一面做流苏设计，精巧美观；另一面以突出纬纱特色工艺为主，小方块的排布和色彩搭配为一大亮点。产品色彩搭配协调，舒适亲肤，设计装饰感较强，有较好的创新性和美感，以及较高的市场化开发应用价值。

→ **作品名称** 《方圆殊趣》

设 计 者｜王晓菊　李梦竹　陶林敏
指导老师｜王钟　王国和　眭建华
选送单位｜苏州大学

获奖评语

　　"圆"通"缘"，圆圆相扣象征人与人之间的缘分，此外"圆"又有圆满之意，此作品表达了希望世间美好与你我环环相扣的美好愿望。通过采用渐变经纬色纱使方圆同时融于织物当中，达到共生、共栖、共异的效果。时尚感和层次感强，手感丰厚，花型别致，色彩简洁大方，表现力强。

第12届中国高校纺织品设计大赛
机织服用织物设计组　一等奖

→ **作品名称　《花田彩绘》**

设 计 者 ｜ 宋开梅　张怡　陈健亮
指导老师 ｜ 闫涛
选送单位 ｜ 苏州大学

获奖评语

　　作品以祁连山下纵横交错的花田为创作灵感，采用毛涤混纺纱为原料，运用重经组织，配合经纱多色交替变化，形成渐变效果和曲线斜纹状花纹。产品配色典雅，结构新颖，织物紧致、坚牢，兼具良好的手感和吸湿透气性能，可用于服用纺织品，具有较高的市场开发价值。

→ **作品名称　《缠绵悱恻》**

设 计 者 ｜ 张志颖　陈钱
指导老师 ｜ 于金超
选送单位 ｜ 苏州大学

获奖评语

　　作品以相依为命的老树根为创作灵感，采用精梳棉为原料，运用经浮点和纬浮点构成斜向连续的直角折线纹，并利用异色经纬交织在交叉处产生互相沉浮的纹理效果。面料结构紧致、坚牢，颗粒效果明显，立体感强，手感柔软，吸湿透气性能强，有较好的创新性装饰美感，以及较高的市场化开发应用价值。

第12届中国高校纺织品设计大赛
机织服用织物设计组　一等奖

→ **作品名称　《夏意》**

设 计 者｜徐雯　芦路路　张茜
指导老师｜张毅　荆妙蕾　王庆涛
选送单位｜天津工业大学

获奖评语

　　作品以夏日绿色森林中的鸟鸣为灵感来源，采用涤纶低弹丝为原料，运用提花组织产生独特的配色及花纹。织物柔软，花纹细腻，立体感强，配色和谐，风格雅致，构图鲜活灵动，艺术气息浓厚，具有较高的市场化开发应用价值。

→ **作品名称　《华灯初上》**

设 计 者｜高明珠　陈雨婷　李岩
指导老师｜林洪芹　吕立斌　周青青
选送单位｜盐城工学院

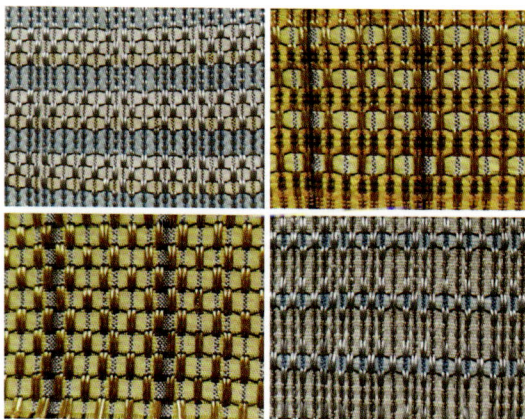

获奖评语

　　作品以华灯初上的夜景、窗和灯为设计灵感，采用涤纶线和金银线为经纱，涤纶线和苎麻线为纬纱，结合网目组织和平纹显花组织设计开发织物。面料厚实蓬松，麻感强烈，花型突出、风格别致、立体感强，闪烁光芒，华丽而耀眼，符合时尚潮流，具有高贵典雅、活泼大方的特点，是目前流行的服装和家纺面料。

第12届中国高校纺织品设计大赛
机织服用织物设计组　一等奖

→ **作品名称　《烂漫旋律》**

设 计 者｜肖菲　王博　陈秀
指导老师｜李虹
选送单位｜中原工学院
注　图片缺失

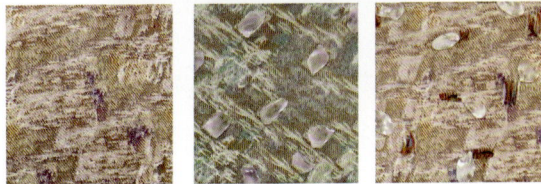

获奖评语

　　本作品设计由表里换层的条格图案为基础，设计其花型图案，将方格和纵横交替的条形图案放入作品中，给人眼前一亮的感觉。在颜色搭配上融入了童真童趣，给人活泼烂漫之感。并在原料上使用了原液着色纤维素纤维色纺纱，更加低碳环保，迎合了现代消费者追求低碳、环保的生活方式。产品色彩艳丽，手感柔软，是理想的服用面料，具有较好的实用性。

→ **作品名称　《静谧之语》**

设 计 者｜张姗姗　凌淑颖　黄瑞仙
指导老师｜周赳
选送单位｜中原工学院

获奖评语

　　作品灵感来源于充满神秘气息的自然景色，采用涤纶为原料，运用三纬组合的16枚5飞纬缎为基础组织，形成朦胧的雾面质感。产品色彩典雅，温婉大方，层次丰富，有较强的机理效果，符合当前的流行趋势和现代审美情趣，可用于服用纺织品，具有较高的市场开发价值。

第12届中国高校纺织品设计大赛
家纺装饰用织物设计组　一等奖

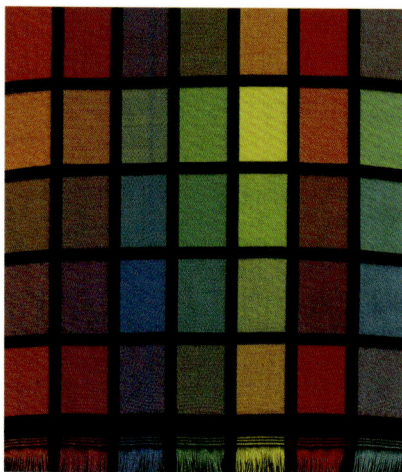

→ **作品名称　《绘·彩》**

设　计　者｜郝雨欣　陈景红　钟傲
指导老师｜瞿永　张莉
选送单位｜安徽职业技术学院

获奖评语

　　作品的设计创作思路来源于眼影盘。织物采用双层表里换层组织与色纱颜色相配合，双层表里换层组织的结构使织物具有厚重感和细腻感。通过采用低特纱、提高经纬纱排列密度来提高色块纯净度，形成细腻的颜色变化。作品色彩多变，对比丰富，层次感强，色彩运用沉稳大气，表现力较强，设计思路清晰，结构完整。

→ **作品名称　《格韵》**

设　计　者｜欧锦涟　宁双　刘顺英
指导老师｜蒋芳　岳新霞
选送单位｜广西科技大学

获奖评语

　　本设计以蒙德里安的"几何形体派"艺术为灵感来源，采用双层表里换层组织，利用组织的变化及色纱的配合，在织物表面构成由图案中心向四周放大延伸的、大小不一的格子。色彩明暗交替，错落有致，给人以规律整洁又充满跳跃性的冲击感。金银丝高贵华丽和色彩的碰撞，让简单的几何元素变得更加多元化，呈现出独具异域风情的个性化格纹。七彩金银丝更让织物在灯光下呈现出金碧辉煌的色泽。巧妙的组织设计具有强烈的视觉冲击力，适中的经纬密度保持了织物独特的风格和触感，具有较舒适温馨的视觉效果，颇具时代感兼艺术气息。所织花纹简约有序，典雅美观，实用性很强。

第12届中国高校纺织品设计大赛
家纺装饰用织物设计组　一等奖

→ **作品名称　《蜂巢》**

设 计 者｜董曼辰　万小倩
指导老师｜马丕波
选送单位｜江南大学

获奖评语

　　该作品以自然蜂巢立体结构为原型，运用仿生设计理念，将几何元素与经编间隔结构相结合，以经编涤纶间隔丝作为支撑骨架，使纺织品表达出立体蜂巢效果。作品采用正六边形与菱形几何元素，以简洁的线条表达织物设计美感，产品具有导湿快干、易清理、防霉防蛀等功能，适用于卫生间用防滑地垫。

→ **作品名称　《海上生花》**

设 计 者｜武娜娜　康毅　邱莉雯
指导老师｜陈莉萍
选送单位｜兰州理工大学

获奖评语

　　作品以梦中的花为创作灵感，利用涤纶线配以金属亮丝线为原料，采用斜纹地小提花组织和平纹地小提花组织相互配合的小提花为纹样，形成不规则的孔隙、微凸的波浪和类似绸缎面的金属花纹，具有别具一格的外观及配色和显色效果。产品外观大方挺括，耐磨性和防静电性好，可用于沙发套、靠垫、窗帘、椅子坐垫等家用装饰用品。

第12届中国高校纺织品设计大赛
家纺装饰用织物设计组 一等奖

→ **作品名称 《花样美带》**

设 计 者｜石佩玉　强可欣

指导老师｜徐彩娣　段亚峰

选送单位｜绍兴文理学院

注　图片缺失

获奖评语

灵感来源于一片翠绿的叶子中的了几朵金黄的迎春花，本作品创新设计了一种带有"附加经"显花的三层角联锁组织，通过两种材质四种色彩纱线的灵活运用。产品花型简洁，色彩优雅，配色时尚有特点。可广泛应用于安全带、加厚保暖窗帘、折叠椅面料等用途。

→ **作品名称 《小轩窗外》**

设 计 者｜郑雅婷　朱佳丽　潘玲珑

指导老师｜姚江薇

选送单位｜绍兴文理学院

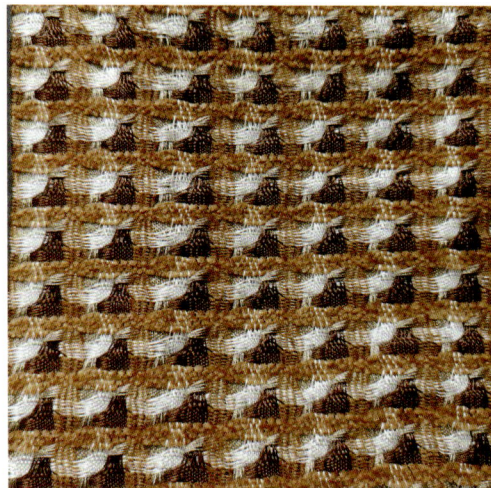

获奖评语

本作品以雪尼尔线作为框，经纬相交格出一个个小轩窗，再用色彩艳丽的地毯线在"窗"中织出窗外朦胧的景。面料设计新颖，工艺独特，正面格纹凸现，立体感强，层次感强，手感丰厚，花型别致，色彩简洁大方，表现力强，织物强度高，是装饰的时尚佳料。

第12届中国高校纺织品设计大赛
家纺装饰用织物设计组　一等奖

→ **作品名称　《曾经沧海》**

设 计 者｜章学如　潘颖　贝新宇
指导老师｜高大伟
选送单位｜盐城工学院

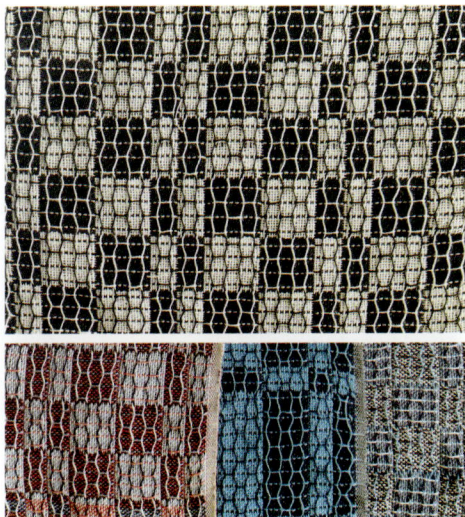

获奖评语

　　本产品主要采用不同颜色的常规涤/棉纱线开发的经起花系列面料，以几何图形、网格为灵感来源，通过组织结构的精心设计和巧妙的色彩搭配，纱线配色和谐而有个性，图案更具有魅力。经纬纱交织配色，使织物具有高雅而和谐的新古典风格。织物纹路设计美观大方，立体感强。体现了时尚性与功能性，应用范围较广。

→ **作品名称　《舜华·清欢》**

设 计 者｜詹宇婷　蔡王丹　胡云中泽
指导老师｜张红霞
选送单位｜浙江理工大学

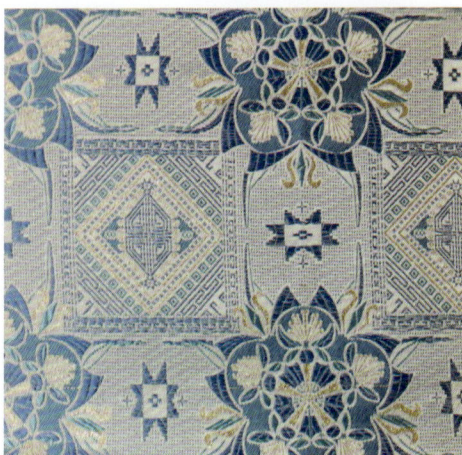

获奖评语

　　作品创作灵感来自传统壮族织锦纹样朱槿花，采用平面化处理并进行纯色填充，表现恬淡、舒适的家装氛围，让人们在快节奏的今天，享受生活，享受自然的欢愉。产品采用桑蚕丝与黏胶纤维为原料，花部组织纬纱显色，地部组织经纱显色，经纬纱交错形成独特的纹理效果。作品色彩丰富，纹理清晰，是理想的中高档家纺装饰面料。

第12届中国高校纺织品设计大赛
家纺装饰用织物设计组　一等奖

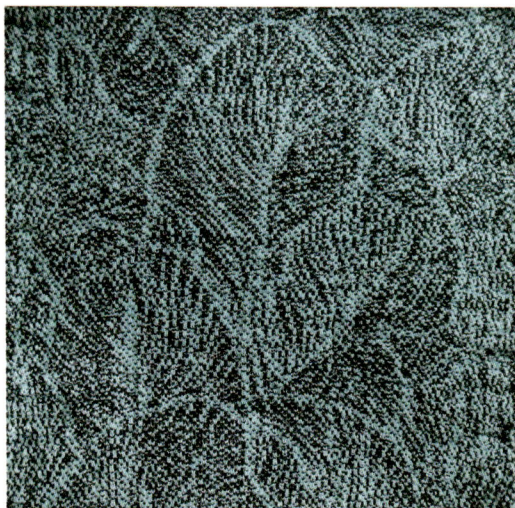

→ **作品名称　《提花空气层》**

设 计 者｜占爱萍　张敏月
指导老师｜朱昊　李忠健
选送单位｜绍兴文理学院

获奖评语

　　该作品选用的是提花的间隔织物，是两种提花纱和一种间隔纱形成的单面提花和间隔织物的复合织物，颜色丰富，立体感强。有色涤纶全拉伸丝（FDY）+高收缩丝收缩效果好。层次感强，手感丰厚，花型别致，色彩简洁大方，表现力强，具有时尚感，且材料运用新颖有特色，适用于装饰等领域，可市场化生产。

→ **作品名称　《山高水远》**

设 计 者｜张长龙　许郁曼
指导老师｜王庆涛　张毅　荆妙蕾
选送单位｜天津工业大学

获奖评语

　　作品设计思路独特，创意性十足。采用莱赛尔纤维为原料，使织物具有一定的保暖性且抗静电、抗过敏，产品结构紧密，质地坚牢，手感柔软，光泽明亮，表面呈现多种机理效果，且具有良好的抗起球性，缩水率小，透湿透气性好，适用于家纺面料、服装辅料等。

第12届中国高校纺织品设计大赛
家纺装饰用织物设计组　一等奖

→　作品名称　《后世之藏》

设　计　者｜谢雪莹　王佳慧　薛涵予
指导老师｜娄琳　章海虹
选送单位｜浙江理工大学

获奖评语

图案绘制借鉴中国传统民间艺术和浮世绘，复古的同时增添了创新元素，更具趣味性。织物图案满地分布，画面丰富饱满，色彩浓郁。大提花布手感丰满，质地紧密厚实，坚固耐磨，有良好的透气性。采用纬三重织造的花型有层次感、立体感。体现中国源远流长的历史又兼具时尚感。适用于各种高端家居装饰产品，有较好的市场前景。

第12届中国高校纺织品设计大赛
大提花及数码印花织物花型设计组　一等奖

→　作品名称　《璃》

设　计　者｜缪书月
指导老师｜何相钢
选送单位｜成都纺织高等专科学校

获奖评语

牡丹作为我国国花，是至高无上尊贵的象征。此作品以教堂花窗玻璃作为灵感，将二者相结合，色彩柔和，并具有浮雕效果，凹凸有致，立体性强，质感独特，柔软，细腻，爽滑，花型较大，图案精美，具有一定的时尚性，可用作家庭装饰和服装等领域。

第12届中国高校纺织品设计大赛
大提花及数码印花织物花型设计组　一等奖

→ **作品名称　《绽放》**

设 计 者｜黄炜坤　张艺瀚
指导老师｜冯滨　雷翻宇
选送单位｜广西财经学院

获奖评语

　　作品设计灵感来源于大自然，采用了极具美感的蝴蝶羽翼，纹理清晰的雪浪石的巧妙结合，碰撞出一种新颖的图案设计纹理。作品色彩搭配对比明显，图案设计夸张大胆，在实现图案设计利用最大化的同时，可为新时代的服装设计添上一笔个性独特的魅力表现。

→ **作品名称　《拼凑》**

设 计 者｜詹天航　翟胜楠
指导老师｜杨文秀　李敏
选送单位｜河北科技大学

获奖评语

　　以抽象几何来表达世界以及情绪的五彩缤纷，高明度的色彩组合，线条、图案随机排列搭配，几何元素的大量运用和空间填充组成一幅作品，给予观众一场视觉体验。作品构思巧妙，色彩鲜亮柔和，花纹自然大方，具有很强的美感和装饰性。具有一定的市场开发价值。

第12届中国高校纺织品设计大赛
大提花及数码印花织物花型设计组　一等奖

→　作品名称　《从过去看现在》

设 计 者｜王梦瑶　张易蓬
指导老师｜皮珊珊
选送单位｜湖南工程学院

获奖评语

　　图案方面，将相框抽象成四个正方形，并在里面添加了对过去图案的改变。颜色方面，采取了饱和度较高的颜色。该作品灵感很好，有想法，花型独具匠心，配色时尚质朴。可用作家庭装饰和服装等领域。

→　作品名称　《巧丝》

设 计 者｜张佳蔚　张婉莉　陈钰丹
指导老师｜张毅
选送单位｜江南大学

获奖评语

　　本作品灵感来源于七巧板，以三角形、矩形、平行四边形等几何图形为原型，对其进行变形调整，再将其与点、线融合连接形成组合。将组合进行旋转、对称等操作，叠加富有民族风情的底纹，上实下虚，虚实结合，使用如七巧板般丰富的色彩，使画面给人以强烈视觉冲击的同时不失和谐统一，体现传统与现代融合的设计理念。

第12届中国高校纺织品设计大赛
大提花及数码印花织物花型设计组　一等奖

→ 作品名称 《步履不停》

设 计 者｜王佳
指导老师｜葛彦　傅海洪
选送单位｜南通大学

获奖评语

　　作品简法图形分别表达工低碳出行的方式，步行、共享单车、地铁，将大海、森林、城市的剪影与抽象化的动物图案融合在一起，表达了人类想要通过自己的努力让城市与自然和谐共生的美好愿望。花型组合有序，尺寸搭配合理，主次分明，个性十足，具有较高的市场开发价值。

→ 作品名称 《远古印象》

设 计 者｜赵梦菲
指导老师｜许星
选送单位｜苏州大学

获奖评语

　　作品灵感来源于非洲的街道行人和非洲的蓝染纺织品，色彩灵感来源于非洲画家Atta Kwami的画作，图案以几何形为主，运用太阳、羽箭和眼睛等抽象符号，配合手绘的呈现方式，充满古朴的异域风情,可使用在休闲度假风的服装和配饰等产品中。

第12届中国高校纺织品设计大赛
大提花及数码印花织物花型设计组　一等奖

→　**作品名称　《透光》**

设 计 者丨王悦　杨子悦　姚红

指导老师丨肖红

选送单位丨西安工程大学

获奖评语

　　以中世纪欧洲教堂玻璃彩色花窗为作品的背景，主图案采用的是中国传统的吉祥形象九色鹿。两者中西结合，同是美好的祝愿，且永远透露着最珍贵的一抹光亮。产品外观效果充分体现了设计理念，产品模拟使用效果好。

→　**作品名称　《鹭鲤戏》**

设 计 者丨杜一钧

指导老师丨陈丽

选送单位丨浙江工业大学之江学院

获奖评语

　　以白鹭和锦鲤为主题创作了这幅纹样，以白鹭为自然的使者，向大家阐述生态环保的口号。作品将环保的理念融入现实中白鹭戏鱼的景象之中，并进行创新创意。整个色调层次分明，协调自然，花型组合灵动。此花型应用前景广泛，具有较高的市场开发价值。

第12届中国高校纺织品设计大赛
大提花及数码印花织物花型设计组　一等奖

→ **作品名称　《独家记忆》**

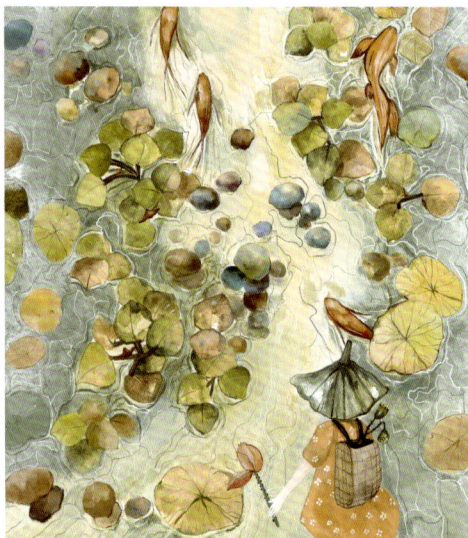

设 计 者｜马颖
指导老师｜陈丽　张夜莺
选送单位｜浙江工业大学之江学院

获奖评语

　　作品以童年时期的独家记忆为灵感来源,将老家门前的小河造型抽象化，用于自己的产品之中。抽象的自然景象给人以亲切、自然、返璞归真之感，充分表达了作品的设计理念，配色和谐，外观效果平和、宁静，有素雅之感。

→ **作品名称　《新生》**

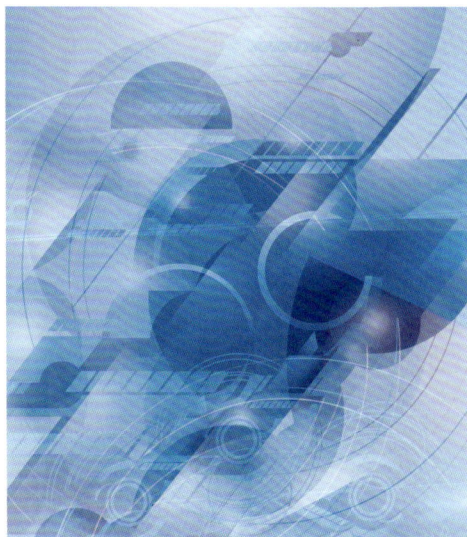

设 计 者｜孙城凯
指导老师｜李敏
选送单位｜河北科技大学

获奖评语

　　科技迅速发展，绿色发展是前提，我们需要低碳生活。作品的设计灵感是不论是科技创新还是观念转变，都要利于恢复碧水蓝天，设计灵感独特，将现实社会生活通过设计展现出来，让设计融于生活，让生活融于艺术。

第12届中国高校纺织品设计大赛
纤维艺术与材料再造设计组　一等奖

→ **作品名称　《微·不微》**

设 计 者｜黄仕卿　熊紫吟　李娜
指导老师｜周琪
选送单位｜湖南工程学院

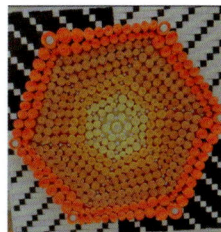

《二十四小时的守候》

《黎明前的曙光》　《旭日东升》

获奖评语

　　作品旨在表达人的能力有限但不能被忽视，有共同目标群体所具有的力量能够冲破现实、克服阻碍、打破对未知的恐惧。作品以点、线、面三种基本形态为准则，采用几何抽象图形完成作品轮廓设计，以点构成线，以线构成面，表达积极向上的思想；采用明亮度高的颜色系列与背景形成鲜明对比，和谐而灵动，层次感强，具有较好的装饰效果。

→ **作品名称　《长生硕果》**

设 计 者｜苏凡
指导老师｜罗夏艳
选送单位｜西安工程大学

获奖评语

　　作品以秋收时的硕果累累为设计灵感，采用现代纤维艺术的编织技法，并辅以缝绣、编制、粘贴等技法，塑造了一幅丰富充实的画面。该作品灵感独特，花型独具匠心，配色时尚，色彩质朴，模拟使用效果好，具有一定的艺术价值。

第12届中国高校纺织品设计大赛
纤维艺术与材料再造设计组 一等奖

→ **作品名称 《海月》**

设 计 者｜王彦丁 王玥涵
指导老师｜罗夏艳
选送单位｜西安工程大学

获奖评语

　　作品以保护海洋为主题，以向日葵为设计灵感，提取外形特征为元素进行结合与重组，采用立体绣、毛毡、串珠、粘贴、曲折缝等技法彰显海洋生物的艺术魅力。作品结构具有节奏感，疏密聚散结合，符合形式美法则，意欲表达积极向上。

→ **作品名称 《盛世》**

设 计 者｜马婷燕 黄芮琦
指导老师｜王晓霞
选送单位｜西安工程大学

获奖评语

　　作品以古代山水画为灵感来源，利用衍纸为原料，通过紧卷、松卷、开卷、弯曲卷、眼型卷、叶型卷、月型卷、三角卷、波浪造型器等再造技法彰显中国山水的秀美壮丽。作品将精细烦琐的纸纤维和大气写意的水彩交织在一起，色彩明快、构图大气、栩栩如生，有返璞归真之感。

第12届中国高校纺织品设计大赛
纤维艺术与材料再造设计组　一等奖

→ **作品名称　《深海皮肤》**

设 计 者｜于静怡
指导老师｜王育新
选送单位｜西安工程大学

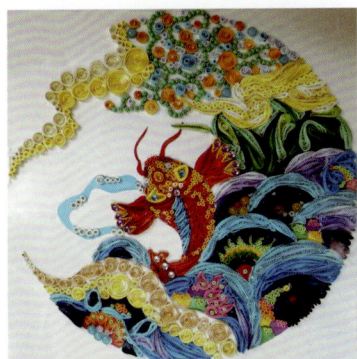

获奖评语

作品以刺绣线、羊毛线、羊毛毡、金属丝、装饰珠为原料，以针扎毛锈、刺绣、填充为技法，利用毛毡蓬松的质感表现出海洋中珊瑚植物的魅力，同时利用毛毡的松软质地塑造水中朦胧的质感，叠加打造出色彩丰富的深海世界。作品色彩对比强烈，创意新颖，时尚感强，较好地突出了环境保护的设计理念。

→ **作品名称　《祥和》**

设 计 者｜李珂妍
指导老师｜肖红
选送单位｜西安工程大学

获奖评语

作品以古代官服上的纹样为创作灵感，利用衍纸、熟宣纸、玻璃珠、塑料珠、钻石贴为原料，采用蓝色和橙色为主色调，形成强烈的冷暖对比，图案以鱼和仙鹤为主体进行夸张、变形，表达了世间的祥和状态。作品有明显的节奏和韵律感，柔中带刚，凹凸有致，立体感强，给人一种华丽、丰富、有趣的视觉效果。

第12届中国高校纺织品设计大赛
纤维艺术与材料再造设计组　一等奖

→ **作品名称　《消逝的一角》**

设 计 者 ｜秦月　曹肖　成子钰
指导老师 ｜徐训鑫
选送单位 ｜西安工程大学
注　图片缺失

获奖评语

　　作品以冰川融化、生态环境受到破坏为灵感来源，以棉线为经线，毛线为纬线进行编织，运用编制工艺中的连珠纹、平纹、簇绒、人字纹、圈圈纹、品字纹、裘织技法等创作手法来展现冰川融化的主题，画面颜色和工艺丰富，色彩感和层次感强，兼具艺术品的欣赏价值和日用品的实用价值，可大量用于服装、包、家纺、装饰品等产品。

→ **作品名称　《披荆斩棘》**

设 计 者 ｜焦晨阳　郝璐璐　石永建
指导老师 ｜张静
选送单位 ｜西安工程大学

获奖评语

　　作品采用粘贴技法，利用纸的不同形态进行粘贴。利用纸浆的随意性凸显病毒形态，利用纸棒的层叠搭建出血管的结构。作品在结构上层次分明，大小对比明显，具有较好的空间搭建肌理表现。以白色、米黄色、黑色作为作品主要色彩基调，凸显纸的不同状态下形状的应用、再造肌理等。该作品适用于家庭室内装饰画，也可以作为软装产品对整个空间进行点缀。

第12届中国高校纺织品设计大赛
纤维艺术与材料再造设计组　一等奖

→ **作品名称　《鱼鲶》**

设 计 者｜林雨垚　张萌　胡伊丽
指导老师｜周赴
选送单位｜浙江理工大学

获奖评语

作品采用了钩花、编织、染色、缝缀、拼贴等方法，抽象立体化地体现了人类面临的海洋污染问题。采用水污染的几大源头如纺织品、陶瓷、塑料等为原料，通过面料再造将原本可能成为垃圾的材料回收再利用。作品创意巧妙、构图合理、结构严谨、配色简洁协调，艺术张力较强。

→ **作品名称　《净灵》**

设 计 者｜任涵晨
指导老师｜周开颜
选送单位｜南通大学

获奖评语

作品以地球的心脏——雪山为灵感，采用白色真丝布、白色羊毛毡、欧根纱、鱼眼纱、棉花、金丝彩线、珠粒为原料，运用扎染技艺和鱼子缬技法使真丝面料形成雪山冰川的肌理效果；利用羊毛戳针的方法，将面料融为一体，并利用金丝彩线的平结和齐针的方式，勾勒出雪山轮廓。作品层次分明、色彩和谐，构图具有较高的艺术造诣，高级感十足。

TEXTILE DESIGN COMPETITION

"红绿蓝杯"中国高校纺织品

设计大赛

第 **10~12** 届

其他获奖作品选（部分）

第10届中国高校纺织品设计大赛
针织服用织物设计组　二等奖

→ 作品名称　《火树银花》

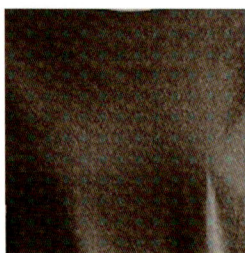

设 计 者｜许凤　朱莹　彭诗怡
指导老师｜陈晴　董智佳
选送单位｜江南大学

→ 作品名称　《轻羽流光》

设 计 者｜杨曈　徐婉丽　赵紫昱
指导老师｜马丕波
选送单位｜江南大学

→ 作品名称　《大地的阶梯》

设 计 者｜李霈瑶
指导老师｜尹雪峰
选送单位｜苏州大学应用技术学院

→ 作品名称　《天圆地方》

设 计 者｜吴佳伟　魏祺煜　马晓涛
指导老师｜朱昊
选送单位｜绍兴文理学院

→ 作品名称　《北平晨光》

设 计 者｜卞雪珂　黎楚蓉　华梦琳
指导老师｜匡丽赟　徐磊
选送单位｜天津工业大学

→ 作品名称　《京韵化蝶》

设 计 者｜赵亚超　徐历忠　郑强强
指导老师｜梅硕
选送单位｜中原工学院

第10届中国高校纺织品设计大赛
机织服用织物设计组　二等奖

→ 作品名称 《几何的魅力》

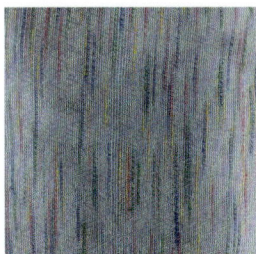

设 计 者｜钟露露　钱丽莉　杨娟

指导老师｜徐旭凡

选送单位｜嘉兴学院

→ 作品名称 《晶莹·雪寂·寞林》

设 计 者｜李乐乐　金风华

指导老师｜刘杰　周蓉

选送单位｜河南工程学院

→ 作品名称 《极光》

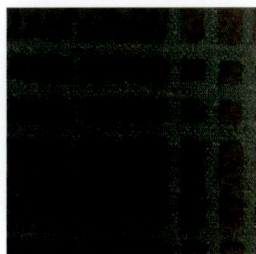

设 计 者｜沈慧颖　芦博荟

指导老师｜王清清　查神爱

选送单位｜江南大学

→ 作品名称 《山色》

设 计 者｜何琪钰　刘静　刘琼憶

指导老师｜陆浩杰

选送单位｜绍兴文理学院

→ 作品名称 《律动》

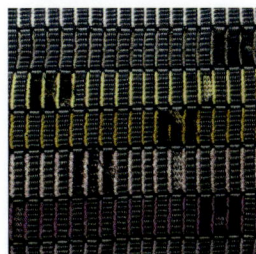

设 计 者｜康浚仪　王苏　刘稳

指导老师｜荆妙蕾　王庆涛　张毅

选送单位｜天津工业大学

→ 作品名称 《赛格格》

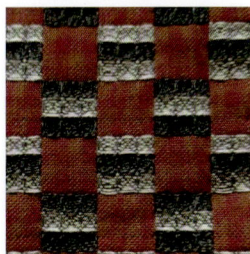

设 计 者｜杨梓嘉　王璇　张仙阳

指导老师｜眭建华　于法鹏

选送单位｜苏州大学

第10届中国高校纺织品设计大赛
机织服用织物设计组　二等奖

→ 作品名称　《碧海珍珠》

设 计 者｜梁子鹏　谭莉敏
指导老师｜荆妙蕾　张毅　王庆涛
选送单位｜天津工业大学

→ 作品名称　《彩魔》

设 计 者｜王达　杨琪　曲海洋
指导老师｜眭建华　于法鹏
选送单位｜苏州大学

→ 作品名称　《楚韵朱绘》

设 计 者｜陈心怡　田晶晶　左碧芬
指导老师｜肖军　武继松
选送单位｜武汉纺织大学

→ 作品名称　《丁香物语》

设 计 者｜杜曼　涂彩云　郑淑月
指导老师｜肖军　武继松
选送单位｜武汉纺织大学

→ 作品名称　《热带雨林》

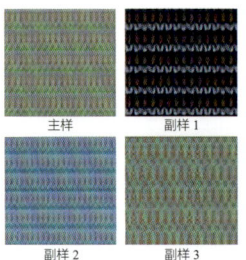

主样　　副样1
副样2　　副样3

设 计 者｜孔金丹　王雨
指导老师｜崔红　郭岭岭　王春霞
选送单位｜盐城工学院

→ 作品名称　《水波荡漾》

设 计 者｜俞慧玲　王庆霞　张悦
指导老师｜郭岭岭　林洪芹　陆振乾
选送单位｜盐城工学院

第10届中国高校纺织品设计大赛
机织服用织物设计组　二等奖

→ 作品名称　《落樱飞雪》

设 计 者｜薛雯　曹逸文　汤琳

指导老师｜张红霞

选送单位｜浙江理工大学

第10届中国高校纺织品设计大赛
家纺装饰用织物设计组　二等奖

→ 作品名称　《花路》

设 计 者｜方安琪　陆钰芸　楼洁茹

指导老师｜张红霞

选送单位｜浙江理工大学

→ 作品名称　《菡萏》

设 计 者｜许梦玉　宋心玥　程新桂

指导老师｜宋远丁　张朝辉　闫红芹

选送单位｜安徽工程大学

→ 作品名称　《天地方圆》

设 计 者｜李云　欧华儒　邓忠建

指导老师｜蒋芳　宁晚娥

选送单位｜广西科技大学

→ 作品名称　《青韵》

设 计 者｜袁秀文　周敏

指导老师｜徐旭凡

选送单位｜嘉兴学院

第10届中国高校纺织品设计大赛
家纺装饰用织物设计组　二等奖

→ 作品名称　《四叶草》

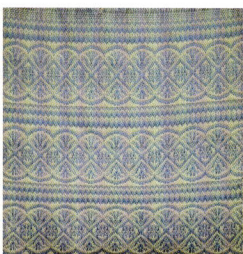

设 计 者｜梁善合　庄楠　陈润贤
指导老师｜蒋芳　宁晚娥
选送单位｜广西科技大学

→ 作品名称　《素川滴雨》

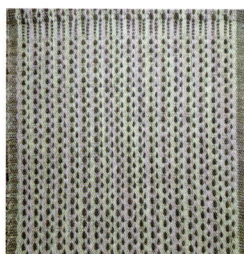

设 计 者｜徐景徽　周宁　刘雕
指导老师｜黄锋林
选送单位｜江南大学

→ 作品名称　《大漠白衣怒马　归来归去天涯》

设 计 者｜赵静　徐景徽　林燕尔
指导老师｜黄锋林
选送单位｜江南大学

→ 作品名称　《蝶影》

设 计 者｜李华　银英　赵鑫
指导老师｜郭增革
选送单位｜山东理工大学

→ 作品名称　《七月流火》

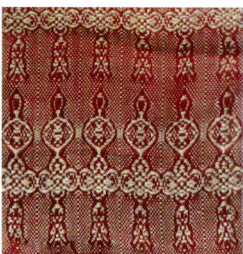

设 计 者｜孙梦迪　李楠　马宛榕
指导老师｜于学成
选送单位｜辽东学院

→ 作品名称　《清溪黄川》

设 计 者｜侯宪广　赵双　韩美月
指导老师｜王婧
选送单位｜山东理工大学

第10届中国高校纺织品设计大赛
家纺装饰用织物设计组　二等奖

→ 作品名称 《星动》

设 计 者｜任彩娟　王晶晶　杨桂满
指导老师｜蒲丛丛
选送单位｜山东理工大学

→ 作品名称 《繁花似锦》

设 计 者｜尹建国　应锦程　周荣鑫
指导老师｜陆浩杰
选送单位｜绍兴文理学院

→ 作品名称 《雪地》

设 计 者｜缪润伍　吕世杰　汪旭甜
指导老师｜朱昊
选送单位｜绍兴文理学院

→ 作品名称 《滤蝶》

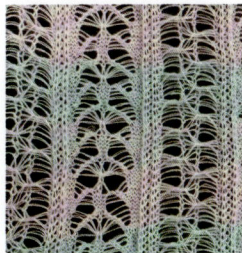

设 计 者｜单秋璐　黄青　顾娅
指导老师｜刘丽妍　匡丽赟
选送单位｜天津工业大学

→ 作品名称 《由灰色记忆到粉色幻想》

设 计 者｜马运娇　茅琪婧　徐千惠
指导老师｜陆浩杰
选送单位｜绍兴文理学院

→ 作品名称 《忆昔旧年》

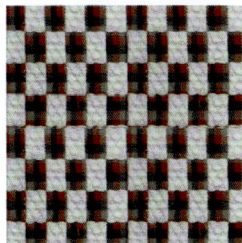

设 计 者｜张雷　陈芳　陈亚芬
指导老师｜眭建华　于法鹏
选送单位｜苏州大学

第10届中国高校纺织品设计大赛
家纺装饰用织物设计组　二等奖

→ 作品名称　《花·韵》

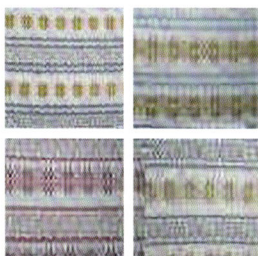

设 计 者｜张胜鸾　王雨　孔金丹

指导老师｜郭岭岭　陆振乾　高大伟

选送单位｜盐城工学院

→ 作品名称　《窗·景》

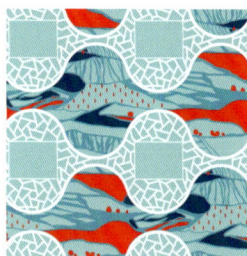

设 计 者｜楼洁茹　方安琪　陆钰芸

指导老师｜张红霞

选送单位｜浙江理工大学

→ 作品名称　《宫锁珠链》

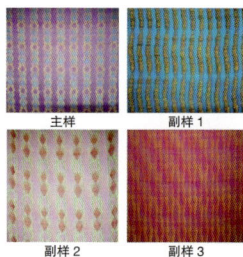

主样　　副样1
副样2　　副样3

设 计 者｜金陈　李露红　刘晓玉

指导老师｜崔红　郭岭岭　毕红军

选送单位｜盐城工学院

→ 作品名称　《一带一路》

设 计 者｜雷丹丹　余明月

指导老师｜李虹

选送单位｜中原工学院

→ 作品名称　《叶影》

灵感
来源

应用
效果

设 计 者｜吴丽丽　李文静　郭晓晓

指导老师｜张红霞

选送单位｜浙江理工大学

→ 作品名称　《波浪与晚霞》

设 计 者｜王馨蓓　于佳

指导老师｜王晓　高晓艳

选送单位｜烟台南山学院

第10届中国高校纺织品设计大赛
大提花及数码印花织物花型设计组　二等奖

→ 作品名称 《才墨》

设 计 者｜姚亚君
指导老师｜高山
选送单位｜安徽农业大学

→ 作品名称 《嘉年华》

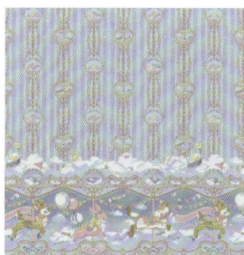

设 计 者｜吴宇菡　闫琪琪
指导老师｜王秀芝　李学伟
选送单位｜德州学院

→ 作品名称 《九如似锦》

设 计 者｜顾龙飞
指导老师｜高山
选送单位｜安徽农业大学

→ 作品名称 《海洋知心》

设 计 者｜尚琨
指导老师｜李学伟
选送单位｜德州学院

→ 作品名称 《火烈鸟》

设 计 者｜秦晨晨　白涛
指导老师｜边沛沛
选送单位｜德州学院

→ 作品名称 《花好月圆》

设 计 者｜丁娜
指导老师｜李学伟
选送单位｜德州学院

第10届中国高校纺织品设计大赛
大提花及数码印花织物花型设计组　二等奖

→ 作品名称　《繁花似锦》

设 计 者｜许敏　房启坤

指导老师｜王秀芝　王秀君

选送单位｜德州学院

→ 作品名称　《传愉之美》

设 计 者｜李向敏

指导老师｜肖彬

选送单位｜德州学院

→ 作品名称　《花与梦》

设 计 者｜潘慧　张新宇

指导老师｜杨宁

选送单位｜德州学院

→ 作品名称　《幻影》

设 计 者｜吕林燕　徐光臣

指导老师｜宋海玲　盖学宁

选送单位｜德州学院

→ 作品名称　《可人的夏日》

设 计 者｜刘雅婷

指导老师｜李学伟

选送单位｜德州学院

→ 作品名称　《佛说》

设 计 者｜张靖玮

指导老师｜穆慧玲

选送单位｜德州学院

第10届中国高校纺织品设计大赛
大提花及数码印花织物花型设计组　二等奖

→ 作品名称　《丛林游戏》

设　计　者｜孙正文
指导老师｜李学伟
选送单位｜德州学院

→ 作品名称　《垃圾的故事》

设　计　者｜张丽娟　纪澄瑞
指导老师｜王秀芝
选送单位｜德州学院

→ 作品名称　《似锦霓裳》

设　计　者｜刘印祥　陈浩东
指导老师｜赵伟
选送单位｜德州学院

→ 作品名称　《斑马非马》

设　计　者｜李天宇　孙健明
指导老师｜边沛沛
选送单位｜德州学院

→ 作品名称　《逝·苏》

设　计　者｜马光洋　刘佳妹
指导老师｜高磊
选送单位｜德州学院

→ 作品名称　《生如夏花》

设　计　者｜嬴红云　张彦
指导老师｜穆慧玲
选送单位｜德州学院

第10届中国高校纺织品设计大赛
大提花及数码印花织物花型设计组　二等奖

→ 作品名称　《伊甸乐园》

设 计 者｜张文枭　田福君
指导老师｜王秀芝
选送单位｜德州学院

→ 作品名称　《一鹤凌云》

设 计 者｜李宇杰　曾权伟　刘博宇
指导老师｜洪剑寒　朱昊
选送单位｜绍兴文理学院

→ 作品名称　《飞跃的火柴人》

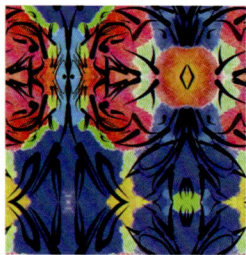

设 计 者｜赵艳艳
指导老师｜边沛沛
选送单位｜德州学院

→ 作品名称　《一抹柠夏》

设 计 者｜翟淑娜　张欣雨　高园园
指导老师｜穆慧玲
选送单位｜德州学院

→ 作品名称　《秋落》

设 计 者｜张童　许玉青　李诗睿
指导老师｜王秀芝　王秀燕
选送单位｜德州学院

→ 作品名称　《鸡冠花开》

设 计 者｜傅丽红　郭保君
指导老师｜孟秀丽　边沛沛
选送单位｜德州学院

第10届中国高校纺织品设计大赛
大提花及数码印花织物花型设计组　二等奖

→　作品名称　《蝴蝶夫人》

设 计 者｜时莹莹

指导老师｜肖彬

选送单位｜德州学院

→　作品名称　《云裳羽衣》

设 计 者｜刘玉永　陈浩东

指导老师｜赵伟

选送单位｜德州学院

→　作品名称　《刨花里的秋菊》

设 计 者｜王成雯

指导老师｜肖彬

选送单位｜德州学院

→　作品名称　《欢乐谷》

设 计 者｜王倩倩　卢家静

指导老师｜孟秀丽　边沛沛

选送单位｜德州学院

→　作品名称　《孤独旅客》

设 计 者｜陆旭　公兴玲

指导老师｜王秀芝

选送单位｜德州学院

→　作品名称　《叶·鹰》

设 计 者｜李萌　刘晓萌

指导老师｜李学伟

选送单位｜德州学院

第10届中国高校纺织品设计大赛
大提花及数码印花织物花型设计组　二等奖

→ 作品名称　《鸟语花香》

设 计 者｜王雪纯　张霞辉
指导老师｜宋海玲
选送单位｜德州学院

→ 作品名称　《旧时光》

设 计 者｜马艺梦
指导老师｜赵伟
选送单位｜德州学院

→ 作品名称　《骆驼》

设 计 者｜唐亚茹　黄梅雨
指导老师｜徐静　王秀芝
选送单位｜德州学院

→ 作品名称　《国鹤新飞》

设 计 者｜陈菡冰
指导老师｜温润
选送单位｜东华大学

→ 作品名称　《彩云之南》

设 计 者｜刘倩　徐群群　陈敏
指导老师｜尹秀玲
选送单位｜德州学院

→ 作品名称　《冲浪》

设 计 者｜刘乐
指导老师｜李敏　李晓英　才英杰
选送单位｜河北科技大学

第10届中国高校纺织品设计大赛
大提花及数码印花织物花型设计组 二等奖

→ 作品名称 《天圆地方》

设 计 者｜王万东

指导老师｜刘金莲

选送单位｜新疆大学

→ 作品名称 《Birds》

设 计 者｜魏雪莹

指导老师｜皮姗姗 李婧

选送单位｜湖南工程学院

→ 作品名称 《蜘织》

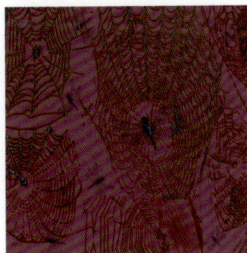

设 计 者｜王煜

指导老师｜李敏 才英杰

选送单位｜河北科技大学

→ 作品名称 《掌控》

设 计 者｜包小川

指导老师｜傅海洪 葛彦

选送单位｜南通大学杏林学院

→ 作品名称 《轻羽飞扬》

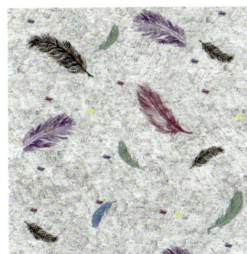

设 计 者｜赵宇航 薛霏

指导老师｜李敏 才英杰

选送单位｜河北科技大学新校区

→ 作品名称 《花花万物》

设 计 者｜田月

指导老师｜陈文成

选送单位｜青岛大学

第10届中国高校纺织品设计大赛
大提花及数码印花织物花型设计组　二等奖

→ 作品名称　《丝绸之路》

设 计 者｜何韩利

指导老师｜雷文广

选送单位｜绍兴文理学院

→ 作品名称　《凤凰于飞》

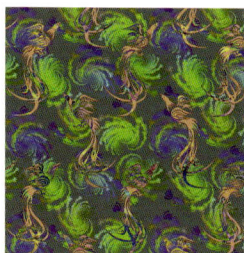

设 计 者｜石英路　李冰艳　吴慧娟

指导老师｜杨旭红

选送单位｜苏州大学

→ 作品名称　《渔趣》

设 计 者｜王安琪

指导老师｜雷文广

选送单位｜绍兴文理学院

→ 作品名称　《拾花弄影》

设 计 者｜王亦秋

指导老师｜李媛媛　眭建华

选送单位｜苏州大学

→ 作品名称　《编》

设 计 者｜陆冉冉

指导老师｜胥筝筝

选送单位｜绍兴文理学院

→ 作品名称　《生如夏花》

设 计 者｜周昕妍　刘羿辰

指导老师｜眭建华

选送单位｜苏州大学

第10届中国高校纺织品设计大赛
大提花及数码印花织物花型设计组　二等奖

→ 作品名称　《繁·影》

设 计 者｜王佳仪　王亦秋

指导老师｜眭建华

选送单位｜苏州大学

→ 作品名称　《Drink》

设 计 者｜龚小涵

指导老师｜王晓霞

选送单位｜西安工程大学

→ 作品名称　《彩描》

设 计 者｜陈亚芬　张雷　陈芳

指导老师｜眭建华　王国和

选送单位｜苏州大学

→ 作品名称　《花理》

设 计 者｜陈子博

指导老师｜王欢

选送单位｜西安工程大学

→ 作品名称　《寻梦·丝路》

设 计 者｜李丽玲　李敏菲　陈淑晴

指导老师｜张艳明

选送单位｜五邑大学

第 10 届中国高校纺织品设计大赛
纤维艺术与材料再造设计组　二等奖

→ 作品名称　《芳华》

设 计 者｜艾宇　潘艳

指导老师｜徐艳华　袁新林

选送单位｜常州大学

→ 作品名称　《梦》

设 计 者｜王玲　魏冉

指导老师｜王蕾

选送单位｜德州学院

→ 作品名称　《忆江南》

设 计 者｜潘艳　艾宇

指导老师｜徐艳华　袁新林

选送单位｜常州大学

→ 作品名称　《日暮微山》

设 计 者｜陈晓翠　孙秀玲　焦艳平

指导老师｜赵伟

选送单位｜德州学院

→ 作品名称　《无梦之境》

设 计 者｜郑雅静　魏静芳

指导老师｜徐艳华　袁新林

选送单位｜常州大学

→ 作品名称　《春之物语》

设 计 者｜王杨天怡　史林瑞

指导老师｜穆慧玲

选送单位｜德州学院

第10届中国高校纺织品设计大赛
纤维艺术与材料再造设计组　二等奖

→　作品名称　《美好未来》

设 计 者｜贾明英　甘文　张久丽
指导老师｜王蕾
选送单位｜德州学院

→　作品名称　《目色》

设 计 者｜迟俊杰　许杰　钱禄迎
指导老师｜边沛沛
选送单位｜德州学院

→　作品名称　《向往的生活》

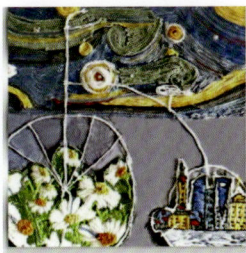

设 计 者｜吉丽文　潘文卓　郭明聪
指导老师｜王蕾
选送单位｜德州学院

→　作品名称　《星球陨落》

设 计 者｜徐叶
指导老师｜周开颜
选送单位｜南通大学

→　作品名称　《净·乡野·葵》

设 计 者｜陈敏　张育萌　徐群群
指导老师｜尹秀玲
选送单位｜德州学院

→　作品名称　《逝》

设 计 者｜徐莉妃
指导老师｜张杏
选送单位｜南通大学杏林学院

第10届中国高校纺织品设计大赛
纤维艺术与材料再造设计组 二等奖

→ 作品名称 《THE LIFE》

设 计 者｜孙静

指导老师｜陈素英

选送单位｜青岛大学

→ 作品名称 《橄榄树的情人》

设 计 者｜余洁飞

指导老师｜曾真

选送单位｜绍兴文理学院

→ 作品名称 《童趣的异想世界》

设 计 者｜胡伟　赵方

指导老师｜孔凡栋

选送单位｜青岛大学

→ 作品名称 《追溯》

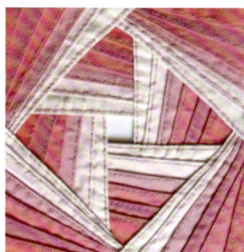

设 计 者｜王瑾　张凤　王艺锦

指导老师｜郭红霞　许建萍

选送单位｜太原理工大学

→ 作品名称 《"智"造牛仔风》

设 计 者｜徐飞燕　傅凤　刘鑫宇

指导老师｜马建伟　陈韶娟

选送单位｜青岛大学

→ 作品名称 《筑梦纵横》

设 计 者｜陈保洁　韩笑　李梦蝶

指导老师｜孙云

选送单位｜太原理工大学

第10届中国高校纺织品设计大赛
纤维艺术与材料再造设计组　二等奖

→ 作品名称　《竹林瑰宝》

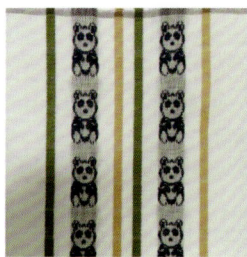

设 计 者｜钟思佳　曹文艳　刘晨芳

指导老师｜徐旭凡

选送单位｜嘉兴学院

→ 作品名称　《裂网》

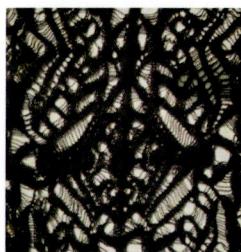

设 计 者｜杨祎欣　王峻霞

指导老师｜尹雪峰

选送单位｜苏州大学应用技术学院

→ 作品名称　《觅·锦》

设 计 者｜陈诗萍　黄菲　冯美琴

指导老师｜傅佳佳　俞科静

选送单位｜江南大学

→ 作品名称　《横穿》

设 计 者｜孙悦　滕昊霖　王玉权

指导老师｜匡丽赟　徐磊

选送单位｜天津工业大学

→ 作品名称　《古韵》

设 计 者｜徐再甫　孙露萍　钱江莲

指导老师｜陆浩杰

选送单位｜绍兴文理学院

→ 作品名称　《细雨流星》

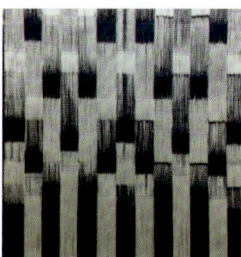

设 计 者｜冯玉婷　李婉茵　黎纯昌

指导老师｜李焰

选送单位｜五邑大学

第10届中国高校纺织品设计大赛

纤维艺术与材料再造设计组　二等奖

→ 作品名称　《卷·舒》

设 计 者 ｜ 王庆霞　俞慧玲　张悦

指导老师 ｜ 郭岭岭　林洪芹　高大伟

选送单位 ｜ 盐城工学院

→ 作品名称　《流形》

设 计 者 ｜ 章心怡　张雨欣

指导老师 ｜ 张奕

选送单位 ｜ 浙江理工大学

第11届中国高校纺织品设计大赛
针织服用织物设计组　二等奖

→ 作品名称 《红色河流》

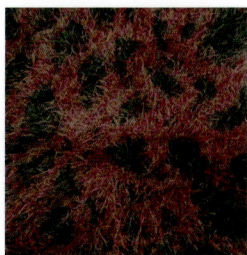

设 计 者｜袁雪林　张嘉琦　施宇姣
指导老师｜尹雪峰
选送单位｜苏州大学应用技术学院

→ 作品名称 《涂星点睛》

设 计 者｜孟君如　吴孟锦
指导老师｜陈振宏　石宝
选送单位｜河北科技大学

→ 作品名称 《池》

设 计 者｜孙媛媛　尹长浩　浦京茂
指导老师｜匡丽赟
选送单位｜天津工业大学

→ 作品名称 《些些纰缦最宜人》

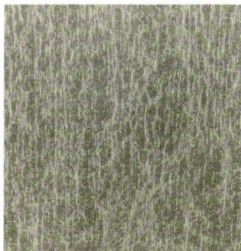

设 计 者｜杨曈　喻爽　孙亚鑫
指导老师｜马丕波
选送单位｜江南大学

→ 作品名称 《菱洞》

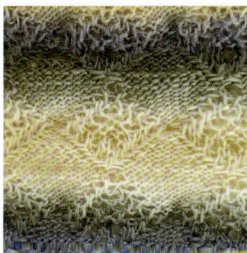

设 计 者｜段慧敏　谢雅雯　史丹丹
指导老师｜尹雪峰
选送单位｜苏州大学应用技术学院

→ 作品名称 《几何世界》

设 计 者｜李婉　李姝容
指导老师｜尹雪峰
选送单位｜苏州大学应用技术学院

第11届中国高校纺织品设计大赛
针织服用织物设计组　二等奖

→ 作品名称　《湿地公园》

设 计 者｜庄雨柔　高芳
指导老师｜尹雪峰
选送单位｜苏州大学应用技术学院

→ 作品名称　《清晨》

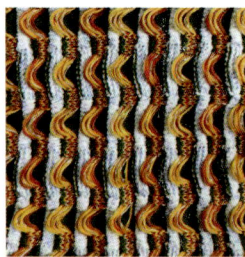

设 计 者｜陈婷　李侨丽　汪旭甜
指导老师｜史红艳
选送单位｜绍兴文理学院

→ 作品名称　《渔田江渚》

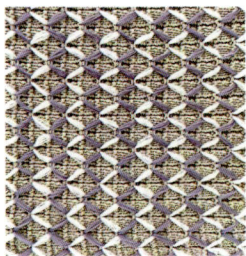

设 计 者｜孙亚博　秦愈　朱会芳
指导老师｜匡丽赟　李雅芳　马崇启
选送单位｜天津工业大学

→ 作品名称　《征途》

设 计 者｜卢雪怡　冷晓筱　鲍颖琳
指导老师｜张艳明
选送单位｜五邑大学

→ 作品名称　《故宫气象》

设 计 者｜冷晓筱　陈金文　周咏姗
指导老师｜文珊
选送单位｜五邑大学

→ 作品名称　《唤醒(感温变色的体验)》

设 计 者｜王笑语　张娇　祝杭琪
指导老师｜王雪琴
选送单位｜浙江理工大学

第11届中国高校纺织品设计大赛
机织服用织物设计组　二等奖

→ 作品名称　《蓝田白玉》

设 计 者 | 李秋丽　刘秋颜　杨梦娇
指导老师 | 高大伟　王春霞　祈珍明
选送单位 | 盐城工学院

→ 作品名称　《彩云格——助眠解毒紫檀植物染织物》

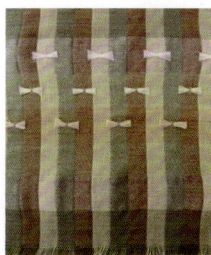

设 计 者 | 许晓志　祁致雨　颜香凝
指导老师 | 朱莉娜　杨帆
选送单位 | 德州学院

→ 作品名称　《鱼趣》

设 计 者 | 谢茜敏　谢银丹　李宜笑
指导老师 | 眭建华　王国和
选送单位 | 苏州大学

→ 作品名称　《繁星》

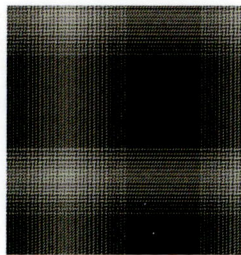

设 计 者 | 杨杰　张清兰　周佳璐
指导老师 | 傅佳佳　王鸿博　陶晓华
选送单位 | 江南大学

→ 作品名称　《隐·落》

设 计 者 | 丁艳平　陈驰
指导老师 | 马旭红　罗炳金
选送单位 | 浙江纺织服装职业技术学院

→ 作品名称　《矩形拼接》

设 计 者 | 劳嘉泳　陆钰芸　陈小丽
指导老师 | 张红霞
选送单位 | 浙江理工大学

第11届中国高校纺织品设计大赛
机织服用织物设计组　二等奖

→ 作品名称　《山水交响乐》

设 计 者｜彭稀　金诗怡　项子丰

指导老师｜周赳　张萌

选送单位｜浙江理工大学

→ 作品名称　《苗韵流彩》

设 计 者｜陈婷薇　陈洁

指导老师｜娄琳

选送单位｜浙江理工大学

→ 作品名称　《温变·宫格》

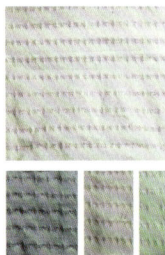

设 计 者｜姚绍芳　赵欢欢

指导老师｜韩潇　洪剑寒

选送单位｜绍兴文理学院

→ 作品名称　《天青等雨》

设 计 者｜季静波　巢梦颖　高菲菲

指导老师｜段亚峰

选送单位｜绍兴文理学院

→ 作品名称　《幻变》

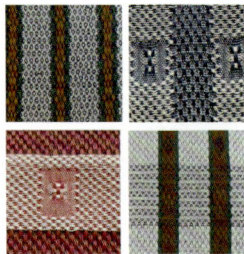

设 计 者｜王冯宇　周剑峰

指导老师｜吕立斌　林洪芹　贾高鹏

选送单位｜盐城工学院

→ 作品名称　《Danaus plexippus》

设 计 者｜牛金龙　董帅　万青

指导老师｜郭岭岭　刘丽　崔红

选送单位｜盐城工学院

第11届中国高校纺织品设计大赛
机织服用织物设计组　二等奖

→ 作品名称　《幻变四季花》

设 计 者｜方智　蒋守杰　李康
指导老师｜高大伟　林洪芹　郭岭岭
选送单位｜盐城工学院

→ 作品名称　《不拘一格》

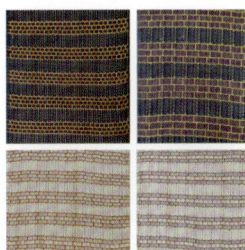

设 计 者｜韩禹　李东恒　周千千
指导老师｜林洪芹　刘丽　贾高鹏
选送单位｜盐城工学院

→ 作品名称　《皱生纹》

设 计 者｜梁振龙　孟玥岐　尚雪彤
指导老师｜傅佳佳　王鸿博　查神爱
选送单位｜江南大学

→ 作品名称　《赤子之心》

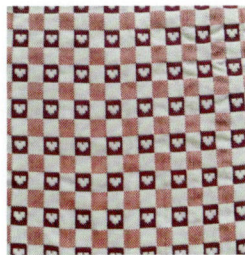

设 计 者｜农梅连　付春琴
指导老师｜蒋芳　岳新霞
选送单位｜广西科技大学

→ 作品名称　《落英纷纭》

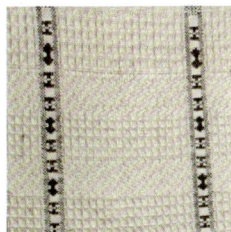

设 计 者｜张佳玉　卢瑞盈　辜雪漫
指导老师｜贾永堂　张增强　黄春玲
选送单位｜五邑大学

→ 作品名称　《钢铁意志》

设 计 者｜刘海燕　田俊乾　邓升
指导老师｜武世锋　刘常威
选送单位｜湖南工程学院

第11届中国高校纺织品设计大赛
机织服用织物设计组　二等奖

→ 作品名称 《都市密码》

设 计 者｜周琦英　由资　王美芳

指导老师｜张梅

选送单位｜德州学院

→ 作品名称 《海之韵》

设 计 者｜王亚兰　张怡

指导老师｜张岩

选送单位｜苏州大学

→ 作品名称 《别样编织》

设 计 者｜南平平　刘一鸣　王志芳

指导老师｜李虹　杜珊

选送单位｜中原工学院

→ 作品名称 《浮光掠影》

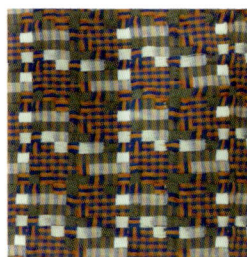

设 计 者｜张怡

指导老师｜眭建华

选送单位｜苏州大学

→ 作品名称 《民族色彩》

设 计 者｜胡满钰　蒋娟　申明媚

指导老师｜谭冬宜　何斌

选送单位｜湖南工程学院

→ 作品名称 《格·浮·韵》

设 计 者｜王二强　朱俊杰　孙彬彬

指导老师｜郭岭岭　林洪芹　高大伟

选送单位｜盐城工学院

第11届中国高校纺织品设计大赛
家纺装饰用织物设计组　二等奖

→　作品名称　《星梦》

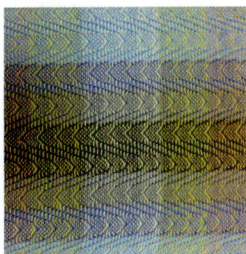

设 计 者 | 孙应鹏　方军

指导老师 | 陈莉萍

选送单位 | 兰州理工大学

→　作品名称　《俯瞰》

设 计 者 | 周荣鑫　孙露萍

指导老师 | 姚江薇

选送单位 | 绍兴文理学院

→　作品名称　《点石成金》

设 计 者 | 杨超越　肖志杰　秦路路

指导老师 | 高翼强　陈振宏

选送单位 | 河北科技大学

→　作品名称　《千山暮雪》

设 计 者 | 秦愈　孙亚博　陈宵

指导老师 | 王庆涛　荆妙蕾

选送单位 | 天津工业大学

→　作品名称　《菱心》

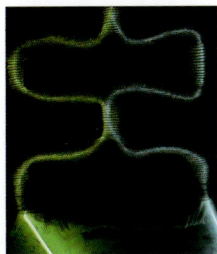

设 计 者 | 李晴晴　鲍士旺　胡黄飞

指导老师 | 杨莉　邹梨花

选送单位 | 安徽工程大学

→　作品名称　《画非画》

设 计 者 | 韦心洋　张鑫　陈滕俊

指导老师 | 郭红霞　许建萍

选送单位 | 太原理工大学

第11届中国高校纺织品设计大赛
家纺装饰用织物设计组　二等奖

→ 作品名称 《黑林线忆》

设 计 者｜马晓涛　周筱雅　魏祺煜

指导老师｜朱昊

选送单位｜绍兴文理学院

→ 作品名称 《海底世界》

设 计 者｜李希希

指导老师｜尉霞　盛翠红　范立红

选送单位｜西安工程大学

→ 作品名称 《小确幸》

设 计 者｜叶玉娇

指导老师｜蒋芳　岳新霞

选送单位｜广西科技大学

→ 作品名称 《栅栏里外的世界》

设 计 者｜徐雯欣

指导老师｜蒋芳　岳新霞

选送单位｜广西科技大学

→ 作品名称 《幻梦换线》

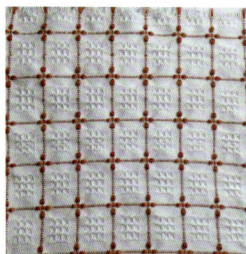

设 计 者｜张鑫乐　靳珊珊　宋仪佳

指导老师｜张伟　孔令乾

选送单位｜德州学院

→ 作品名称 《十一》

设 计 者｜戴佳欣　张劲松

指导老师｜王庆涛　张毅　荆妙蕾

选送单位｜天津工业大学

第11届中国高校纺织品设计大赛
家纺装饰用织物设计组　二等奖

→ 作品名称 《曦晖朗耀》

设 计 者｜倪萍　岑金花

指导老师｜于学成

选送单位｜辽东学院

→ 作品名称 《开华结"国"》

设 计 者｜李宽　刘又丰　孙梦迪

指导老师｜于学成

选送单位｜辽东学院

→ 作品名称 《芳华》

设 计 者｜陈薇　李玉玲　孙腾腾

指导老师｜瞿永

选送单位｜安徽职业技术学院

→ 作品名称 《彩绸飘飘，时和年丰》

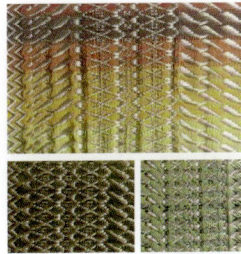

设 计 者｜卢瑞盈　张佳玉　陈境川

指导老师｜贾永堂　张增强　余姮姮

选送单位｜五邑大学

→ 作品名称 《爱之巢》

设 计 者｜程亚玲　吴有康　朱雨柯

指导老师｜闫红芹　宋远丁　储长流

选送单位｜安徽工程大学

→ 作品名称 《蓝田生玉》

设 计 者｜任天翔　刘林丽　覃碧娟

指导老师｜高大伟　林洪芹　王丽丽

选送单位｜盐城工学院

第11届中国高校纺织品设计大赛
家纺装饰用织物设计组　二等奖

→ 作品名称 《节节攀高》

设 计 者｜周昕妍　刘羿辰　范宁
指导老师｜眭建华　王国和
选送单位｜苏州大学

→ 作品名称 《花簇》

设 计 者｜沈妙音　李雪梅　王颖
指导老师｜张红霞
选送单位｜浙江理工大学

→ 作品名称 《光织谱》

设 计 者｜金喆慧翀　朱瑶
指导老师｜娄琳
选送单位｜浙江理工大学

→ 作品名称 《Rubik Cube Mirror》

设 计 者｜唐萍
指导老师｜蒋芳　岳新霞
选送单位｜广西科技大学

→ 作品名称 《龙角花图》

设 计 者｜陈颖杰　谢宏东
指导老师｜蒋芳　岳新霞
选送单位｜广西科技大学

→ 作品名称 《游田》

设 计 者｜关敏清
指导老师｜蒋芳　岳新霞
选送单位｜广西科技大学

第11届中国高校纺织品设计大赛
大提花及数码印花织物花型设计组　二等奖

→　作品名称　《Flamingo》

设 计 者｜李文豪
指导老师｜金玉
选送单位｜河北科技大学

→　作品名称　《墨生》

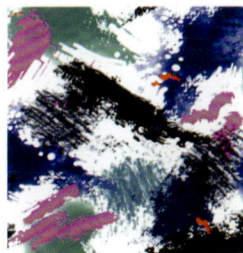

设 计 者｜黄晨　解鸿福　张金辉
指导老师｜杨宁　赵萌
选送单位｜德州学院

→　作品名称　《祥鱼戏珠》

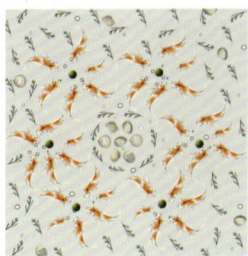

设 计 者｜阚超聪　李长静
指导老师｜穆慧玲
选送单位｜德州学院

→　作品名称　《花与诗》

设 计 者｜刘浩男　刘一贺　傅雅沁
指导老师｜杨宁
选送单位｜德州学院

→　作品名称　《繁花掠影》

设 计 者｜岳满　陈丁丁
指导老师｜李海明
选送单位｜苏州大学

→　作品名称　《佰薇灵集》

设 计 者｜李晓琳　温丹丹　王结
指导老师｜杨宁
选送单位｜德州学院

第11届中国高校纺织品设计大赛
大提花及数码印花织物花型设计组　二等奖

→ 作品名称　《陆与海》

设 计 者｜苏秀函　朱清鑫　吴晓敏

指导老师｜杨宁

选送单位｜德州学院

→ 作品名称　《蛊然》

设 计 者｜潘慧　张新宇　任壮壮

指导老师｜杨宁

选送单位｜德州学院

→ 作品名称　《乌托邦》

设 计 者｜朱晓静

指导老师｜高磊

选送单位｜德州学院

→ 作品名称　《玫瑰花窗》

设 计 者｜李筱

指导老师｜边沛沛

选送单位｜德州学院

→ 作品名称　《第一场雪》

设 计 者｜伊光辉　栾淑琪

指导老师｜李梅

选送单位｜德州学院

→ 作品名称　《水墨丹青》

设 计 者｜焦靖茹　张新婷　张红

指导老师｜盖学宁

选送单位｜德州学院

第11届中国高校纺织品设计大赛
大提花及数码印花织物花型设计组　二等奖

→　作品名称　《海洋迷情》

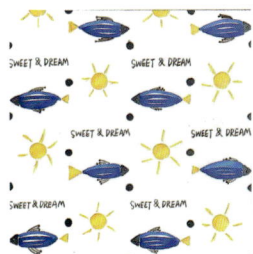

设 计 者｜周宇　张文琪
指导老师｜宋科新
选送单位｜德州学院

→　作品名称　《异》

设 计 者｜任雅静　杜月欣
指导老师｜李敏
选送单位｜河北科技大学

→　作品名称　《涅槃》

设 计 者｜赵艳艳
指导老师｜边沛沛
选送单位｜德州学院

→　作品名称　《梦回伊人归》

设 计 者｜黄莉　袁金铭　李琳琳
指导老师｜穆慧玲
选送单位｜德州学院

→　作品名称　《兔·物语》

设 计 者｜王雅苇　孙晓楠　刘文卓
指导老师｜石梅
选送单位｜德州学院

→　作品名称　《花花世界》

设 计 者｜高昕
指导老师｜穆慧玲
选送单位｜德州学院

第11届中国高校纺织品设计大赛
大提花及数码印花织物花型设计组　二等奖

→ 作品名称　《童心·恐》

设 计 者｜王震　宋妍　李佳琳
指导老师｜穆慧玲
选送单位｜德州学院

→ 作品名称　《花海的星空》

设 计 者｜郝丁潮
指导老师｜王欢
选送单位｜西安工程大学

→ 作品名称　《自在的海洋》

设 计 者｜纪澄瑞　公兴玲
指导老师｜王秀芝　王秀君
选送单位｜德州学院

→ 作品名称　《遇见彩虹》

设 计 者｜王晓菊　唐一凡　鞠鑫
指导老师｜王钟　王国和
选送单位｜苏州大学

→ 作品名称　《单纯的快乐》

设 计 者｜王瑞
指导老师｜盖学宁
选送单位｜德州学院

→ 作品名称　《错位》

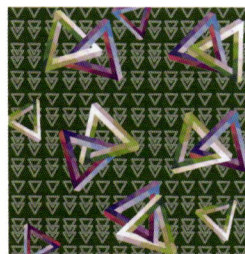

设 计 者｜徐小航
指导老师｜眭建华　王国和
选送单位｜苏州大学

第11届中国高校纺织品设计大赛
大提花及数码印花织物花型设计组　二等奖

→ 作品名称 《HOME》

设 计 者｜陆星怡
指导老师｜王巧
选送单位｜苏州大学应用技术学院

→ 作品名称 《丛林秘境》

设 计 者｜陈方园
指导老师｜王晨露
选送单位｜绍兴文理学院

→ 作品名称 《童趣》

设 计 者｜刘春晓
指导老师｜张毅
选送单位｜江南大学

→ 作品名称 《流浪日记》

设 计 者｜潘琳
指导老师｜王晨露
选送单位｜绍兴文理学院

→ 作品名称 《未亡之海》

设 计 者｜应一勤
指导老师｜王晨露
选送单位｜绍兴文理学院

→ 作品名称 《Virtual Life》

设 计 者｜蔡燕泓
指导老师｜胥筝筝
选送单位｜绍兴文理学院

第11届中国高校纺织品设计大赛
大提花及数码印花织物花型设计组　二等奖

→ 作品名称 《神女之宴》

设 计 者｜陈媛媛
指导老师｜雷文广
选送单位｜绍兴文理学院

→ 作品名称 《浪漫巴黎》

设 计 者｜周国华
指导老师｜李学伟
选送单位｜德州学院

→ 作品名称 《花果妆容》

设 计 者｜王佳君
指导老师｜洪剑寒
选送单位｜绍兴文理学院

→ 作品名称 《淘气的水珠》

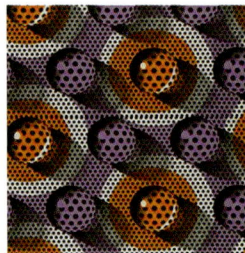

设 计 者｜李建邺　宋开梅
指导老师｜王祥荣
选送单位｜苏州大学

→ 作品名称 《物语》

设 计 者｜冯星星　李加加　艾泽
指导老师｜金玉
选送单位｜河北科技大学

→ 作品名称 《吐蕊》

设 计 者｜朱慧娟　嵇宇　徐传奇
指导老师｜刘宇清
选送单位｜苏州大学

第11届中国高校纺织品设计大赛
大提花及数码印花织物花型设计组　二等奖

→ 作品名称　《三河羽扇》

设 计 者｜陈健亮　张怡　宋开梅
指导老师｜眭建华
选送单位｜苏州大学

→ 作品名称　《栀子花开》

设 计 者｜陈钱　张志颖
指导老师｜潘志娟
选送单位｜苏州大学

→ 作品名称　《芳菲》

设 计 者｜曾庆怡　杨富玲
指导老师｜眭建华　王国和
选送单位｜苏州大学

→ 作品名称　《锦色》

设 计 者｜李灿　马光洋　王锡雯
指导老师｜杨宁
选送单位｜德州学院

→ 作品名称　《墨韵》

设 计 者｜丁思嘉
指导老师｜崔岩
选送单位｜湖北美术学院

→ 作品名称　《Hello Universe》

设 计 者｜李健雄
指导老师｜李婧　皮珊珊
选送单位｜湖南工程学院

第11届中国高校纺织品设计大赛
大提花及数码印花织物花型设计组　二等奖

→ 作品名称　《爱丽丝·折射现实》

设 计 者｜焦婵娟
指导老师｜石梅
选送单位｜德州学院

→ 作品名称　《繁锦灯火》

设 计 者｜李玮　薛思涛　郭卓
指导老师｜王晓霞
选送单位｜西安工程大学

→ 作品名称　《融光》

设 计 者｜宋娟娟
指导老师｜李婧
选送单位｜湖南工程学院

→ 作品名称　《漫游思想》

设 计 者｜刘新浩
指导老师｜王晓霞
选送单位｜西安工程大学

→ 作品名称　《夏日果语》

设 计 者｜杨梓煊　李长静
指导老师｜穆慧玲
选送单位｜德州学院

→ 作品名称　《星韵》

设 计 者｜周子龙　王鹏志
指导老师｜张毅　荆妙蕾　王庆涛
选送单位｜天津工业大学

第11届中国高校纺织品设计大赛
大提花及数码印花织物花型设计组　二等奖

→　作品名称　《飞翔的色块》

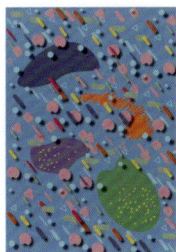

设 计 者｜张恒
指导老师｜皮姗姗
选送单位｜湖南工程学院

→　作品名称　《蒙德里安的猜想》

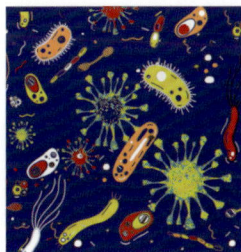

设 计 者｜王晓彤　郭晓宇
指导老师｜边沛沛
选送单位｜德州学院

→　作品名称　《惜别》

设 计 者｜王云云　唐筝
指导老师｜王秀君　王秀芝
选送单位｜德州学院

→　作品名称　《鱼戏花间》

设 计 者｜王江南
指导老师｜洪剑寒
选送单位｜绍兴文理学院

→　作品名称　《异类》

设 计 者｜杨惠粉　刘世超　郑玉婷
指导老师｜王晓霞
选送单位｜西安工程大学

→　作品名称　《繁花映梦》

设 计 者｜王潇　陈浩东
指导老师｜赵伟
选送单位｜德州学院

第11届中国高校纺织品设计大赛
大提花及数码印花织物花型设计组　二等奖

→ 作品名称 《趣乐园》

设 计 者｜王淼
指导老师｜李学伟
选送单位｜德州学院

→ 作品名称 《夏天》

设 计 者｜王雯静
指导老师｜盖学宁
选送单位｜德州学院

→ 作品名称 《余容戏蝶》

设 计 者｜孙晓楠　王雅苇　刘文卓
指导老师｜石梅
选送单位｜德州学院

→ 作品名称 《好运来》

设 计 者｜孙慧敏　管弦乐　张文琪
指导老师｜朱莉娜　宋科新
选送单位｜德州学院

→ 作品名称 《岁月青春》

设 计 者｜涂响
指导老师｜盖学宁
选送单位｜德州学院

→ 作品名称 《独味嘉年华》

设 计 者｜孙胜男　郭保君
指导老师｜孙晨晨　边沛沛
选送单位｜德州学院

第11届中国高校纺织品设计大赛
大提花及数码印花织物花型设计组　二等奖

→ 作品名称 《漫步大同》

设 计 者｜刘彩霞　徐晓溪
指导老师｜边沛沛
选送单位｜德州学院

→ 作品名称 《童音童话》

设 计 者｜梁悦　卢家静
指导老师｜边沛沛
选送单位｜德州学院

→ 作品名称 《变调花园》

设 计 者｜李晓雨
指导老师｜盖学宁
选送单位｜德州学院

→ 作品名称 《非语流颜》

设 计 者｜孙洒洒　张红　祝珍珍
指导老师｜边沛沛
选送单位｜德州学院

→ 作品名称 《童话故事》

设 计 者｜陈嘉伟
指导老师｜高志强
选送单位｜德州学院

→ 作品名称 《源》

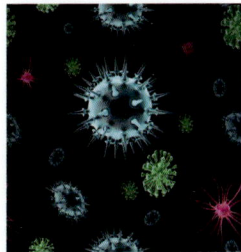

设 计 者｜翟舒雯　于飞
指导老师｜宋海玲　盖雪宁
选送单位｜德州学院

第11届中国高校纺织品设计大赛
大提花及数码印花织物花型设计组　二等奖

→ 作品名称 《七宝》

设 计 者｜李金港

指导老师｜李学伟

选送单位｜德州学院

→ 作品名称 《快乐游戏》

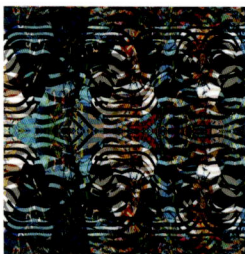

设 计 者｜刘国华

指导老师｜高志强

选送单位｜德州学院

→ 作品名称 《剪影海南》

设 计 者｜张含笑　伊光辉　杨彬彬

指导老师｜李梅

选送单位｜德州学院

→ 作品名称 《星空梦》

设 计 者｜王亚辉

指导老师｜高磊

选送单位｜德州学院

→ 作品名称 《似锦》

设 计 者｜张龙　郭保君

指导老师｜边沛沛

选送单位｜德州学院

→ 作品名称 《Go and see》

设 计 者｜魏忠文

指导老师｜穆慧玲

选送单位｜德州学院

第11届中国高校纺织品设计大赛
大提花及数码印花织物花型设计组　二等奖

→ 作品名称　《檐》

设 计 者｜曹妍　葛佳昂　肖晴

指导老师｜王蕾

选送单位｜德州学院

第11届中国高校纺织品设计大赛
纤维艺术与材料再造设计组　二等奖

→ 作品名称　《旅行者》

设 计 者｜宋柯欣　张哲

指导老师｜徐静　王秀芝

选送单位｜德州学院

→ 作品名称　《蝶语京韵》

设 计 者｜楼焕　黄欣　徐婧

指导老师｜史晶晶　杨恩龙

选送单位｜嘉兴学院

→ 作品名称　《灰白花界》

设 计 者｜张学敏

指导老师｜宗华婷

选送单位｜盐城工学院

→ 作品名称　《吞噬》

设 计 者｜李浩　孙俊妹　丁晨

指导老师｜王蕾

选送单位｜德州学院

第11届中国高校纺织品设计大赛
纤维艺术与材料再造设计组　二等奖

→ 作品名称　《拓色·植画》

设 计 者 | 郭婉茹　谢源　刘凯璇
指导老师 | 张维　才英杰
选送单位 | 河北科技大学

→ 作品名称　《一粒麦子的旅行》

设 计 者 | 张利军　周佰巧　郝雪灵
指导老师 | 边沛沛
选送单位 | 德州学院

→ 作品名称　《春风得意马蹄疾》

设 计 者 | 徐飞燕　金龙升　刘蛟
指导老师 | 马建伟
选送单位 | 青岛大学

→ 作品名称　《珍珠少女与花》

设 计 者 | 高丹萍　张久丽　吉丽文
指导老师 | 王蕾
选送单位 | 德州学院

→ 作品名称　《寻找自我》

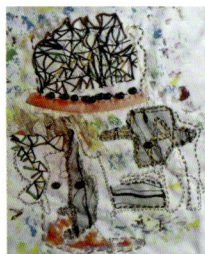

设 计 者 | 刘希
指导老师 | 周开颜
选送单位 | 南通大学杏林学院

→ 作品名称　《镜前的少女》

设 计 者 | 徐思懿　李如　冯浩
指导老师 | 王蕾
选送单位 | 德州学院

第11届中国高校纺织品设计大赛
纤维艺术与材料再造设计组　二等奖

→ 作品名称　《浮欢若梦》

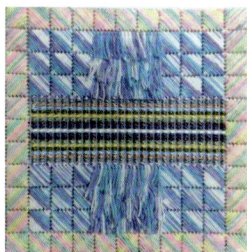

设 计 者｜张瑞琪　高丹萍　孙希波

指导老师｜王蕾

选送单位｜德州学院

→ 作品名称　《仰》

设 计 者｜于龙琴

指导老师｜曾真

选送单位｜绍兴文理学院

→ 作品名称　《北·沐》

设 计 者｜刘琦　夏立晓

指导老师｜宋科新

选送单位｜德州学院

→ 作品名称　《漓江夕阳》

设 计 者｜李焱　马梦婷

指导老师｜史晶晶

选送单位｜嘉兴学院

→ 作品名称　《初·生》

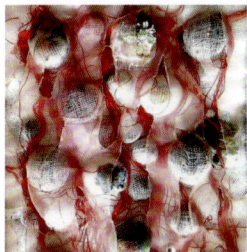

设 计 者｜苑冰　黄立倩

指导老师｜孟秀丽

选送单位｜德州学院

→ 作品名称　《旧牛仔新风尚》

设 计 者｜马甜甜　张烨丽

指导老师｜史晶晶

选送单位｜嘉兴学院

第11届中国高校纺织品设计大赛
纤维艺术与材料再造设计组　二等奖

→ 作品名称　《水浪星城》

设 计 者｜余诚均　张土胜　李泳豫

指导老师｜董凤春　吴绮情

选送单位｜五邑大学

→ 作品名称　《星·月·夜》

设 计 者｜宗靓玥

指导老师｜徐艳华　袁新林

选送单位｜常州大学

→ 作品名称　《自然中的微笑》

设 计 者｜陈梦姣　王燕

指导老师｜高爱香　徐训鑫

选送单位｜西安工程大学

→ 作品名称　《花间词》

设 计 者｜陈庆　刘祥祥

指导老师｜徐艳华　袁新林　罗璇

选送单位｜常州大学

→ 作品名称　《蜕变》

设 计 者｜王振雨　吕苗

指导老师｜肖红

选送单位｜西安工程大学

→ 作品名称　《山河万里》

设 计 者｜郑雅静　魏静芳

指导老师｜徐艳华　袁新林　罗璇

选送单位｜常州大学

第11届中国高校纺织品设计大赛
纤维艺术与材料再造设计组　二等奖

→ 作品名称　《那年，我很小，雪好大》

设 计 者｜刘雪平　陈淑桦
指导老师｜眭建华
选送单位｜苏州大学

→ 作品名称　《云兴霞蔚》

设 计 者｜陈勇奋　吴长键
指导老师｜娄琳
选送单位｜浙江理工大学

→ 作品名称　《沧海桑田》

设 计 者｜戴薇　周晨茜
指导老师｜娄琳
选送单位｜浙江理工大学

→ 作品名称　《山水集》

设 计 者｜陈靖　竺俊
指导老师｜娄琳
选送单位｜浙江理工大学

→ 作品名称　《潮起东方》

设 计 者｜陆芳圆　江欣逾
指导老师｜娄琳
选送单位｜浙江理工大学

→ 作品名称　《国粹之美》

设 计 者｜杨颖
指导老师｜徐艳华　袁新林　罗璇
选送单位｜常州大学

第11届中国高校纺织品设计大赛
纤维艺术与材料再造设计组　二等奖

→ 作品名称　《淬》

设 计 者｜张靖玮

指导老师｜赵伟

选送单位｜德州学院

→ 作品名称　《深海》

设 计 者｜李淼　刘胜英

指导老师｜赵萌

选送单位｜德州学院

第12届中国高校纺织品设计大赛
针织服用织物设计组　二等奖

→ 作品名称　《北斗问苍穹》

设 计 者｜刘雨　黄弯弯　何慧慧
指导老师｜姚永标　张一平
选送单位｜河南工程学院

→ 作品名称　《浪潮》

设 计 者｜王如意　董煜
指导老师｜朱昊
选送单位｜绍兴文理学院

→ 作品名称　《锦绣》

设 计 者｜王芝兰　吴晓琪　张赞钗
指导老师｜李萍
选送单位｜嘉兴学院南湖学院

→ 作品名称　《寻》

设 计 者｜赵佩丽　徐佳琦　吴玲娅
指导老师｜朱昊
选送单位｜绍兴文理学院

→ 作品名称　《借景》

设 计 者｜任梦梦　范堂香
指导老师｜王继曼　丁永青　周媛
选送单位｜江苏工程职业技术学院

→ 作品名称　《以爱之名》

设 计 者｜卫雨佳　李卉馨　田丽莎
指导老师｜孙玉钗　魏真真
选送单位｜苏州大学

第12届中国高校纺织品设计大赛
针织服用织物设计组 二等奖

→ **作品名称 《麦浪》**

设 计 者｜郭雪松　周亦歌　张凯
指导老师｜魏真真　孙玉钗
选送单位｜苏州大学

第12届中国高校纺织品设计大赛
机织服用织物设计组 二等奖

→ **作品名称 《霞》**

设 计 者｜吴鑫非　季唯一
指导老师｜尹雪峰　任婧媛　陈研
选送单位｜苏州大学应用技术学院

→ **作品名称 《孔雀双双迎日舞》**

设 计 者｜李黎锐　李丽凡
指导老师｜蒋芳
选送单位｜广西科技大学

→ **作品名称 《绿影斑驳》**

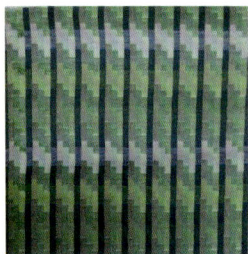

设 计 者｜余彦婷　胡佳雨　海文清
指导老师｜孙洁　徐阳
选送单位｜江南大学

→ **作品名称 《柔舒凸花葛》**

设 计 者｜常舒雅　马万超
指导老师｜王锋荣　梁菊红
选送单位｜山东轻工职业学院

第12届中国高校纺织品设计大赛
机织服用织物设计组　二等奖

→ 作品名称 《方正》

设 计 者｜李顺义　王海超　苏友朋

指导老师｜才英杰　李敏

选送单位｜河北科技大学

→ 作品名称 《暖冬》

设 计 者｜施儒盛　刘燕　卢浩

指导老师｜郭增革

选送单位｜山东理工大学

→ 作品名称 《霓裳欢舞》

设 计 者｜潘莱安迪　张校源　娄铭亮

指导老师｜蒙冉菊　翁浦莹　卢春

选送单位｜嘉兴职业技术学院

→ 作品名称 《墨烯如峰》

设 计 者｜赵凯迪

指导老师｜姜兆辉

选送单位｜山东理工大学

→ 作品名称 《朱雀新羽》

设 计 者｜李思遥　吴佳欣　谢静

指导老师｜陶丹　曹根阳

选送单位｜武汉纺织大学

→ 作品名称 《沃野穗含香》

设 计 者｜莫超有　雷晓甜　李芳

指导老师｜范立红　盛翠红

选送单位｜西安工程大学

第12届中国高校纺织品设计大赛
机织服用织物设计组　二等奖

→ 作品名称 《密码》

设 计 者｜徐若杰　王天骄
指导老师｜眭建华
选送单位｜苏州大学

→ 作品名称 《红墙绿瓦》

设 计 者｜赵重后　谭郭泓芳　朱东
指导老师｜眭建华　王国和
选送单位｜苏州大学

→ 作品名称 《挑花织造——二维码》

设 计 者｜于鑫涛　王金玉　宋林涛
指导老师｜敖利民
选送单位｜嘉兴学院

→ 作品名称 《真情不藏》

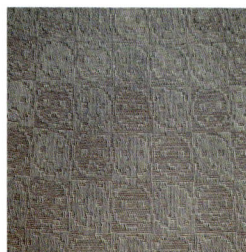

设 计 者｜谭郭泓芳　朱东　赵重后
指导老师｜眭建华　王国和
选送单位｜苏州大学

→ 作品名称 《寻觅星河》

设 计 者｜周雪莲　袁亚娅　奚培忠
指导老师｜杨恩龙
选送单位｜嘉兴学院

→ 作品名称 *Summe BelAir*

设 计 者｜何鸿喆　胡嘉赟　张佳文
指导老师｜王萍
选送单位｜苏州大学

第12届中国高校纺织品设计大赛
机织服用织物设计组　二等奖

→ 作品名称　《金鼎天空》

设 计 者｜潘璐　黎倩雨　薛莹

指导老师｜吴丽莉

选送单位｜苏州大学

→ 作品名称　《以史为镜》

设 计 者｜鲁诗语　喻欣慧　黄冬晴

指导老师｜肖军

选送单位｜武汉纺织大学

→ 作品名称　《地球日》

设 计 者｜柳倩蓉　苏琳雯

指导老师｜张毅　王庆涛　荆妙蕾

选送单位｜天津工业大学

→ 作品名称　《织"黎想"》

设 计 者｜夏帅飞　李晓鹏　曲艺

指导老师｜张红霞

选送单位｜浙江理工大学

→ 作品名称　《一波三折》

设 计 者｜王奇军　于海楠　毕争荣

指导老师｜郭岭岭　宋孝浜　林洪芹

选送单位｜盐城工学院

→ 作品名称　《乘风》

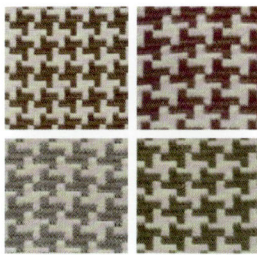

设 计 者｜尚万涛　符发静　翟俊瑶

指导老师｜刘淑萍　刘让同　于媛媛

选送单位｜中原工学院

第12届中国高校纺织品设计大赛
机织服用织物设计组　二等奖

→ 作品名称　《蓝色炫光》

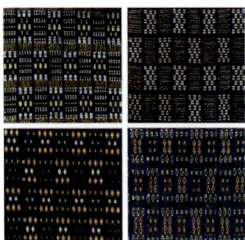

设 计 者｜李岩　高明珠　陈雨婷
指导老师｜林洪芹　周天池　刘国亮
选送单位｜盐城工学院

→ 作品名称　《万物互联》

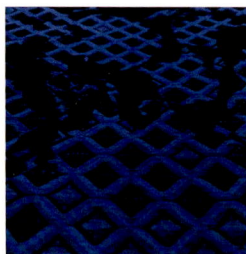

设 计 者｜胡伊丽　陆爽怿　林雨垚
指导老师｜周赳
选送单位｜浙江理工大学

→ 作品名称　《蓝色韵律》

设 计 者｜杨帆　邹睿馨
指导老师｜娄琳
选送单位｜浙江理工大学

→ 作品名称　《窗棂之外》

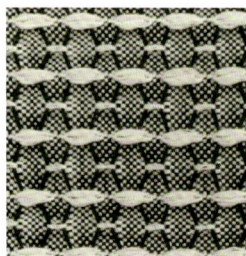

设 计 者｜符发静　尚万涛　翟俊瑶
指导老师｜刘淑萍　刘让同　焦云
选送单位｜中原工学院

第12届中国高校纺织品设计大赛
家纺装饰用织物设计组　二等奖

→ 作品名称　《众心烁烁》

设 计 者｜翟消南　张旭
指导老师｜卢士艳
选送单位｜中原工学院

第12届中国高校纺织品设计大赛
家纺装饰用织物设计组　二等奖

→ 作品名称　《天光水色》

设 计 者｜杨炎凤　张梅　董珍妹
指导老师｜蒋芳　岳新霞
选送单位｜广西科技大学

→ 作品名称　《方圆》

设 计 者｜李翠　王子旋
指导老师｜瞿永
选送单位｜安徽职业技术学院

→ 作品名称　《围城》

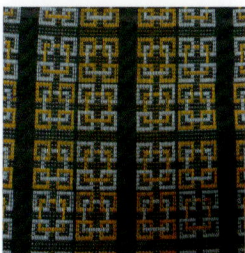

设 计 者｜李鹏飞　代利花　向华菊
指导老师｜眭建华　王国和
选送单位｜苏州大学

→ 作品名称　《陌上花开》

设 计 者｜孙璇　孙璟　梁慧婷
指导老师｜蒋芳　岳新霞
选送单位｜广西科技大学

→ 作品名称　《田园风光》

设 计 者｜罗柳　杨丹　唐誉
指导老师｜眭建华　王国和
选送单位｜苏州大学

→ 作品名称　《缠梦》

设 计 者｜汪贵兰　顾晓雨
指导老师｜尹雪峰　任婧媛　陈研
选送单位｜苏州大学应用技术学院

第12届中国高校纺织品设计大赛
家纺装饰用织物设计组　二等奖

→ 作品名称 《方寸之间》

设 计 者｜谢植达　张梅
指导老师｜蒋芳　岳新霞
选送单位｜广西科技大学

→ 作品名称 《阶梯》

设 计 者｜邹艳　周燕　曹文静
指导老师｜陆浩杰　李曼丽
选送单位｜绍兴文理学院

→ 作品名称 《诗情画意》

设 计 者｜张龙鹏　陈震　韩帅康
指导老师｜姚永标　张一平　陈莉娜
选送单位｜河南工程学院

→ 作品名称 《条格印象》

设 计 者｜吴旻杰　孙潇潇
指导老师｜赵晓曼　段亚峰
选送单位｜绍兴文理学院

→ 作品名称 《森林草》

设 计 者｜金殿山　任孟贤　陈海蓉
指导老师｜林洪芹　宋孝浜　刘丽
选送单位｜盐城工学院

→ 作品名称 《一帘幽梦》

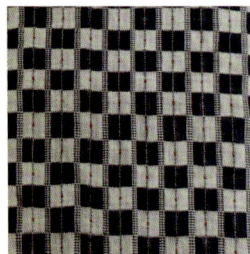

设 计 者｜孙潇潇　吴旻杰
指导老师｜赵晓曼　段亚峰
选送单位｜绍兴文理学院

第12届中国高校纺织品设计大赛
家纺装饰用织物设计组 二等奖

→ 作品名称 《城中小河》

设 计 者｜李家仪 唐梦瑶
指导老师｜眭建华
选送单位｜苏州大学

→ 作品名称 《梦入杜康》

设 计 者｜唐誉 罗柳 杨丹
指导老师｜眭建华 王国和
选送单位｜苏州大学

→ 作品名称 《清影探窗》

设 计 者｜王雨 陈燕飞 史依然
指导老师｜郭红霞 昝会云
选送单位｜太原理工大学

→ 作品名称 《盼春》

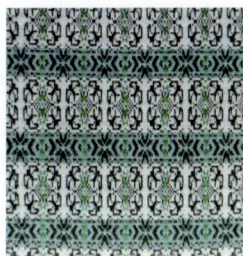

设 计 者｜林锡鑫 林鸿展 付美祺
指导老师｜董凤春 黄春玲
选送单位｜五邑大学

→ 作品名称 《九皋之鸣》

设 计 者｜刘茜麟 魏媛
指导老师｜王庆涛
选送单位｜天津工业大学

→ 作品名称 《夹"芯"两面派——环
保吸音隔热面料的开发》

设 计 者｜张莎莎 罗晓珊 陈雨晴
指导老师｜陶丹 曹根阳
选送单位｜武汉纺织大学

第12届中国高校纺织品设计大赛
大提花及数码印花织物花型设计组　二等奖

→ 作品名称　《维度》

设 计 者｜杨家舒
指导老师｜何相钢
选送单位｜成都纺织高等专科学校

→ 作品名称　《城市印象》

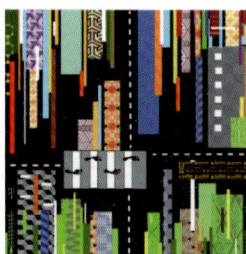

设 计 者｜李娜
指导老师｜宋柳叶　李玲
选送单位｜合肥师范学院

→ 作品名称　《以花之名》

设 计 者｜赵丹
指导老师｜赵萌
选送单位｜德州学院

→ 作品名称　《风韵》

设 计 者｜苏明　魏一丹　张潞柠
指导老师｜詹旺
选送单位｜河北科技大学

→ 作品名称　《忆影录》

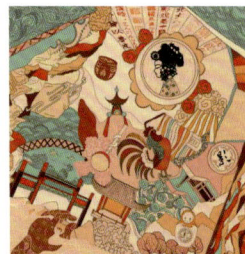

设 计 者｜邰慧贤
指导老师｜宋柳叶
选送单位｜合肥师范学院

→ 作品名称　《甜甜圈》

设 计 者｜饶东萍
指导老师｜崔岩
选送单位｜湖北美术学院

第12届中国高校纺织品设计大赛
大提花及数码印花织物花型设计组　二等奖

→　作品名称　《时代女性》

设 计 者｜胡美娟

指导老师｜李建亮　彭潮

选送单位｜浙江理工大学

→　作品名称　《距离》

设 计 者｜彭澳琦

指导老师｜殷海伦　夏添

选送单位｜湖南工程学院

→　作品名称　《Koala》

设 计 者｜江竺

指导老师｜李婧

选送单位｜湖南工程学院

→　作品名称　《泥妮》

设 计 者｜陈钰丹　张佳蔚　张婉莉

指导老师｜张毅

选送单位｜江南大学

→　作品名称　《丝路与羽》

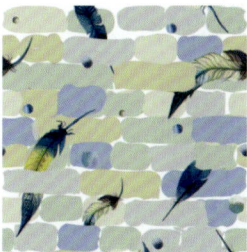

设 计 者｜朱雨琪　李思婧　徐婧婧

指导老师｜张寅江

选送单位｜绍兴文理学院

→　作品名称　《月下江南》

设 计 者｜宋俊磊

指导老师｜林丹

选送单位｜江西服装学院

第12届中国高校纺织品设计大赛
大提花及数码印花织物花型设计组　二等奖

→ 作品名称　《素＆空》

设 计 者｜阮卯珊

指导老师｜胥筝筝

选送单位｜绍兴文理学院

→ 作品名称　《自然》

设 计 者｜张慧敏

指导老师｜葛彦　傅海洪

选送单位｜南通大学

→ 作品名称　《指证》

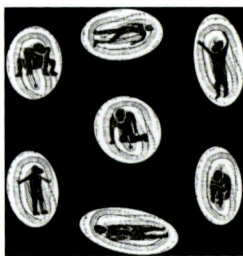

设 计 者｜伍乘慧

指导老师｜林丹

选送单位｜江西服装学院

→ 作品名称　《旋转的童年》

设 计 者｜陈延

指导老师｜盖广慧

选送单位｜绍兴文理学院元培学院

→ 作品名称　《深海》

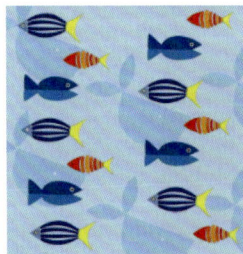

设 计 者｜梅毅

指导老师｜宋婷

选送单位｜江西服装学院

→ 作品名称　《鹦》

设 计 者｜吉方也

指导老师｜王晨露

选送单位｜绍兴文理学院

第12届中国高校纺织品设计大赛
大提花及数码印花织物花型设计组　二等奖

→ 作品名称　《山花烂漫》

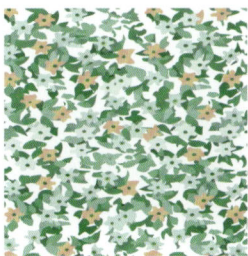

设 计 者｜李琴　万成伟　冯兆奇
指导老师｜刘宇清
选送单位｜苏州大学

→ 作品名称　《随想》

设 计 者｜张宜
指导老师｜陈丁丁
选送单位｜苏州大学应用技术学院

→ 作品名称　《层叠的世界》

设 计 者｜陈双敏
指导老师｜眭建华
选送单位｜苏州大学

→ 作品名称　《秋》

设 计 者｜林玲
指导老师｜陈丁丁
选送单位｜苏州大学应用技术学院

→ 作品名称　《君子之交》

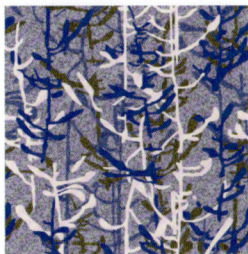

设 计 者｜刘嘉权
指导老师｜王祥荣
选送单位｜苏州大学

→ 作品名称　《陶纹物语》

设 计 者｜周淑倩
指导老师｜盖广惠
选送单位｜绍兴文理学院元培学院

第12届中国高校纺织品设计大赛
大提花及数码印花织物花型设计组　二等奖

→ 作品名称　《"鱼鱼子"的私想梦》

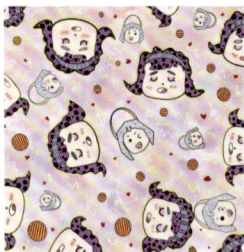

设 计 者｜付珊珊　张雪婷
指导老师｜罗夏艳
选送单位｜西安工程大学

→ 作品名称　《守护》

设 计 者｜王艳　郭蓉
指导老师｜肖红
选送单位｜西安工程大学

→ 作品名称　《情绪》

设 计 者｜支雨乐
指导老师｜李建亮　彭潮
选送单位｜浙江理工大学

→ 作品名称　《又见敦煌》

设 计 者｜鲁营营
指导老师｜张瑜
选送单位｜新疆大学

→ 作品名称　《燕然》

设 计 者｜李惜惜　郑聪聪
指导老师｜王晓霞
选送单位｜西安工程大学

→ 作品名称　《印象·北京》

设 计 者｜郑媛
指导老师｜陈丽
选送单位｜浙江工业大学之江学院

第12届中国高校纺织品设计大赛
纤维艺术与材料再造设计组　二等奖

→ 作品名称　《月光曲》

设 计 者｜陆瑶　惠琳

指导老师｜徐艳华　袁新林　徐超

选送单位｜常州大学

→ 作品名称　《故土难离》

设 计 者｜辛美霞

指导老师｜袁新林　徐艳华　罗璇

选送单位｜常州大学

→ 作品名称　《共潮生》

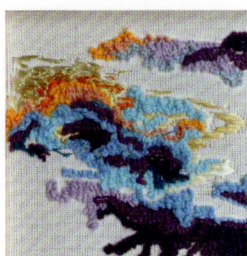

设 计 者｜彭欢欢

指导老师｜袁新林　徐艳华　罗璇

选送单位｜常州大学

→ 作品名称　《秋澄》

设 计 者｜徐令

指导老师｜袁新林　徐艳华　罗璇

选送单位｜常州大学

→ 作品名称　《循环》

设 计 者｜金琳瑄　闵慧颖

指导老师｜袁新林　徐艳华　罗璇

选送单位｜常州大学

→ 作品名称　《追寻》

设 计 者｜袁正怡　金琳瑄

指导老师｜袁新林　徐艳华　罗璇

选送单位｜常州大学

第12届中国高校纺织品设计大赛
纤维艺术与材料再造设计组　二等奖

→ 作品名称　《像素世界》

设 计 者｜孙莹　王震　史浩雨
指导老师｜杨宁
选送单位｜德州学院

→ 作品名称　《维也纳浪漫舞会》

设 计 者｜刘姜乔娜　宓书琴
指导老师｜洪剑寒　王晨露
选送单位｜绍兴文理学院

→ 作品名称　《浪涛》

设 计 者｜赵昕怡　赵静
指导老师｜周开颜
选送单位｜南通大学

→ 作品名称　《万物生》

设 计 者｜赵席席　袁佳婷　张情
指导老师｜王晨露
选送单位｜绍兴文理学院

→ 作品名称　《姑娘》

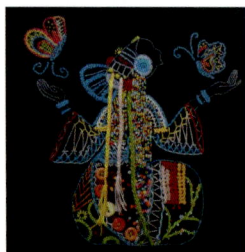

设 计 者｜朱雯霞
指导老师｜曾真
选送单位｜绍兴文理学院

→ 作品名称　《太阳、森林与大海》

设 计 者｜王雪琛　徐婧婧
指导老师｜姚江薇
选送单位｜绍兴文理学院

第12届中国高校纺织品设计大赛
纤维艺术与材料再造设计组　二等奖

→ 作品名称　《最后的晚餐》

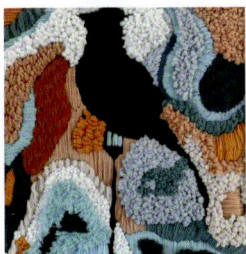

设 计 者｜吴康羽　吴夏雨　魏金金

指导老师｜刘锋　卢致文

选送单位｜太原理工大学

→ 作品名称　《世界》

设 计 者｜汪礼焕

指导老师｜尚文静

选送单位｜太原理工大学

→ 作品名称　《海上平原》

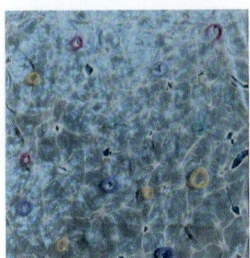

设 计 者｜王双利　田萌萌　夏晶晶

指导老师｜刘云

选送单位｜太原理工大学

→ 作品名称　《异境》

设 计 者｜黄秋宝　刘冰心

指导老师｜文珊

选送单位｜五邑大学

→ 作品名称　《真境》

设 计 者｜王一品　宋文芯

指导老师｜卢致文　刘锋

选送单位｜太原理工大学

→ 作品名称　《希望》

设 计 者｜赵茜娜　刘明英

指导老师｜梁昭华

选送单位｜西安工程大学

第12届中国高校纺织品设计大赛
纤维艺术与材料再造设计组　二等奖

→ 作品名称 《现代·森林》

设 计 者｜郑司旭　周晴　沈婷瑶
指导老师｜罗夏艳
选送单位｜西安工程大学

→ 作品名称 《同生异梦》

设 计 者｜刘新浩　郑聪聪
指导老师｜王晓霞
选送单位｜西安工程大学

→ 作品名称 《无衣》

设 计 者｜秦则昊　文好
指导老师｜罗夏艳　王晓霞
选送单位｜西安工程大学

→ 作品名称 《衍》

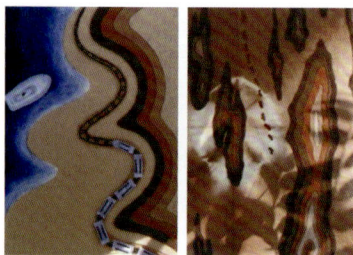

设 计 者｜孙恒昌　冯佳玉
指导老师｜王晓霞
选送单位｜西安工程大学

→ 作品名称 《依存》

设 计 者｜郭思程
指导老师｜王晓霞
选送单位｜西安工程大学

→ 作品名称 《细胞与自然》

设 计 者｜李莹
指导老师｜王晓霞
选送单位｜西安工程大学

第12届中国高校纺织品设计大赛
纤维艺术与材料再造设计组　二等奖

→ 作品名称　《四神纵跃》

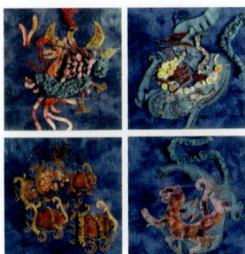

设 计 者｜郝丁潮　杜晨浩
指导老师｜王晓霞
选送单位｜西安工程大学

→ 作品名称　《四时之景》

设 计 者｜郭婧　耿洁
指导老师｜徐艳华　袁新林　徐超
选送单位｜常州大学

→ 作品名称　《宇宙》

设 计 者｜郑玉婷
指导老师｜王晓霞
选送单位｜西安工程大学

→ 作品名称　《彩》

设 计 者｜陶小勤
指导老师｜徐训鑫
选送单位｜西安工程大学

→ 作品名称　《栖息》

设 计 者｜杜晨浩　郝丁潮
指导老师｜王晓霞
选送单位｜西安工程大学

→ 作品名称　《细胞与自然》

设 计 者｜马欣悦
指导老师｜张静
选送单位｜西安工程大学

第12届中国高校纺织品设计大赛
纤维艺术与材料再造设计组　二等奖

→ 作品名称　《动物之殇》

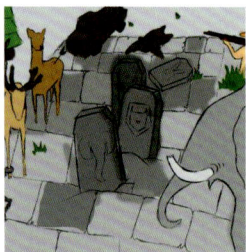

设 计 者｜张旭　孟超伟　郭丁滔
指导老师｜周天池　周青青　张艳
选送单位｜盐城工学院

→ 作品名称　《夜雨敲窗》

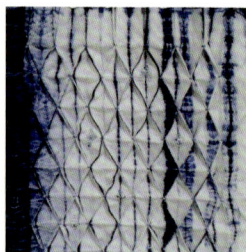

设 计 者｜林紫萍　唐瑜声
指导老师｜陈丽　张夜莺
选送单位｜浙江工业大学之江学院

→ 作品名称　《再生》

设 计 者｜陈晓蝶　廖锦芳　李秋莹
指导老师｜刘翠萍
选送单位｜浙江纺织服装职业技术学院

→ 作品名称　《蓬莱》

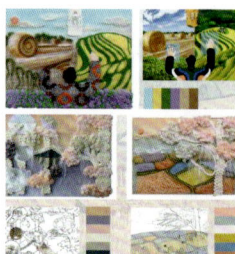

设 计 者｜凌淑颖　张姗姗
指导老师｜周赳
选送单位｜浙江理工大学

TEXTILE
DESIGN
COMPETITION

附录

浙江红绿蓝纺织印染有限公司简介

　　浙江红绿蓝纺织印染有限公司是一家集研发、生产、销售于一体的中高档女装印花面料印染企业。总资产6亿元人民币，占地127亩，员工600人，年产量8000万米。2020年公司销售额5亿元，其中出口销售收入6000多万美元。

　　本公司是国家高新技术企业，注重科技创新与品牌建设，现已通过浙江制造、ISO 9001:2015质量管理体系、ISO 14001:2015环境管理体系、ISO 45001:2018职业健康管理体系认证。公司以先进的设备、强大的研发团队及卓越的生产管理理念为基本，运用特有的数码印花技术，生产（加工）各类棉、麻、化纤、真丝等中高档纺织面料。公司被中国纺织工业联合会、国家纺织产品开发中心授予"国家数码印花产品开发基地"，成为数码印花领域的先进生产力代表；公司多年荣获"中国印染行业三十强企业"，同时"红绿蓝"商标荣获

"浙江省出口名牌"，"红绿蓝"荣获"浙江省知名商号"。

公司选择"自主创新"之路，重视产品开发，所有产品均为原创设计，每天可开发20~25只新花型，以产品创新推动了公司的可持续发展，真正达到了产品升级、利润增值的效果。在和谐发展上，公司积极提升质量诚信，强化社会责任，至今已连续7年发布社会责任报告。公司始终秉承"负责任地生产负责任的产品"的理念。

公司以"追求完美、勇于创新"为企业精神，奉行"诚信为本、品质为先、合作共赢"的经营理念，致力于打造成为中国优秀的印花面料供应商。

中国轻纺城简介

　　中国轻纺城始建于20世纪80年代，是以"中国"冠名的专业市场，位于浙江省绍兴市柯桥区，市场建筑面积320多万平方米，注册经营户（公司）2万余家，常驻国（境）外采购商近5000人，国（境）外代表机构近千家，全球每年有1/4的面料在此成交，与全国近一半的纺织企业建立了产销关系。中国轻纺城率先实施知识产权保护，开展现代金融服务，引导培育技术创新、品牌创建、时尚创造和产业链整合的新型公司化经营模式，并取得良好成绩。经过30多年的发展，中国轻纺城已成为全球规模最大的纺织品集散中心之一。在南部的传统交易区、北部的市场创新区、中部国际贸易区、西部原料龙头区和东部物流配套区这五大功能区域内，分布着营业用房2.8万余间，经营品种5万余种，经营户3.6万余户。其中，贸易公司1.8万余家，市场日客流量约10万人次，销售网络遍布世界192个国家和地区。2022年，轻纺城"线上＋线下"市场成交额突破3300亿元，其中实体市场群实现成交额2501.76亿元，同比增长6.96%；网上实现成交额809.13亿元，同比增长15.31%。2023年1~4月，中国轻纺城市场群实现成交额902.87亿元，同比增长8.93%；纺城网上实现成交额256.4亿元，同比增长9.46%，保持了平稳向好发展态势。

结束语

中国高校纺织品设计大赛已连续成功举办12届。如前所述，本大赛的目的就是为各高校学生搭建一个相互学习、交流以及发挥各自想象力和才能的舞台，更重要的是通过大赛形式为高校和产业提供一个桥梁，除了能够使在校学生更加了解市场外，还能够使企业了解高校专业教育教学的现状，帮助企业发掘优秀的纺织品创意设计人才。

纺织产业转型升级的主要引擎，就是生产经营模式创新和纺织品设计创新。随着国内外市场竞争日趋激烈，我国纺织企业经营管理观念转变明显，越来越认识到重才、聚才、储才对破解技术瓶颈、推进自主创新的重要战略意义。纺织产业转型升级与改造提升，产品结构调整为重；品牌建设与原创产品档次提升，设计人才培养当先。中国高校纺织品设计大赛，无疑为高校和企业提供了一个应用型设计人才培养的"产教融合"协同互动舞台，必将发挥更为重要的作用。

从本书收集的第10~12届大赛部分优秀作品来看，参赛作品的设计灵感来源丰富，技术上体现了多学科交叉的特点，同时也反映出各高校教学水平稳步提升，教学理念更是朝着应用型人才培养的方向转变。本大赛不仅是作品的同台比拼，更是各高校间相互学习、交流的渠道和途径，期望越来越多的纺织院校参与到这个迸发创意激情的赛事活动中，设计出更有创意、更加实用的纺织时尚新产品，为纺织产业高质量发展培养、发掘出更多"新苗"型纺织品设计优秀人才。在此，大赛组委会期待着更多有志于纺织品创意设计的在校生参与其中……

编者

2023年12月